BLACK SWAN | 黑天鹅图书

为 人 生 提 供 领 跑 世 界 的 力 量

BLACK SWAN

【升·级·版】

感谢自己的不完美

武志红 著

中国华侨出版社

新版序

拥抱内心的暗夜

生活中我们总是要感谢很多事情，但是我们却从来没有想过：感谢自己。感谢自己的什么呢？感谢自己的不完美。或者叫作“拥抱内心的暗夜”。在我做咨询的过程中，也包括自己之前的经历中，我发现我们能否拥抱自己内心那些痛苦的部分、黑暗的部分，是非常重要的。为什么呢？

完美的往往存在问题

想跟大家分享一个故事。有一次去讲课，见了来听课的三位女士。我经常自豪于自己有一眼断人的本领，于是见面之后我从她们脸上的神情评估她们最近的问题。有两位女士对我说，她们是我的忠实粉丝，但是她们觉得自己的家庭关系是完美的。

她们一说自己是完美的，我就知道肯定有问题，其实我在她们的脸上已经看到了两个字——崩溃。

而第三位女士看着是最健康的，但是她对我说：“武老师，我家里有很多问题，我内心有很多痛苦。”这就是一个正常人、健康人。等后来我们聊开了，我非常干净利落地指出来那两位女士可能有什么样的问题，结果基本上都被我说中了。我们要警惕这种感觉——我们的人生是完美的，我们的家庭是完美的。

经常看我文章的朋友可能知道我有个说法——世界是相反的。其实，真实胜过完美，一旦我们懂得什么是真实，如何接受自己的真实，如何跟自己真实地在一起，就会深刻地感知到真实是比完美更好的东西。

通过刚才那个故事，我们可以看到两位女士自身的问题很大，但她们说自己是完美的，而另外一位女士说家庭问题很多，由此我们可以看到这三位女士对真实的接纳程度是不一样的。这里所谓的真实就是痛苦，她们对痛苦的接纳程度不同。

觉得自己家庭是完美的，这样的人是把自己的痛苦分裂出去了，消灭了，她自己脑袋里意识不到痛苦，所以她会说自己的家庭是完美的。而相对比较健康的女士，因为她对痛苦有接纳能力，所以她会直接说她的家庭有问题，她有痛苦。这时候我们看到一个简单的评价标准：一个人的心理健康程度与接纳痛苦的程度成正比。

痛苦意味着什么？《感谢自己的不完美》这本书里有一个故事很受欢迎，叫《悲伤是完结悲剧的力量》。故事是这样的：女孩 Z 的童年非常不幸，两三岁时父母离婚，父亲挣不到钱，她基本上是跟着姑姑长大的。她不断更换寄养家庭，小学时就已经觉得自己充满痛苦。她努力讨好老师、同学，却总是不如愿，她连一个朋友也没有。她感觉非常痛苦，充满羞耻。她曾经很认真地计划过自杀，也就是所谓的“哲学式自杀”，即经过很认真的计算、衡量，觉得自己的人生确实是不值得拥有的。她曾经在一张白纸的两边分别写下活着的理由和死去的理由，结果死去的理由远超过活着的理由，于是她认为自己应该自杀。

我在北大心理学系的一个师妹也做过同样的事情，不同的是师妹自杀成功了，而女孩 Z 没有成功。她感到很悲哀，进而很伤感。然后她开始哭泣。

她不知道自己哭了多久，在哭泣的时候，她回忆起人生中的种种不幸，但是她哭到最后的时候，心里有个声音出来了，那个声音对她说：是的，你很惨，但是你还可以做很多事。结果这个声音改变了她，这个女孩感觉她获得了一种力量，让她真的开始思考：我可以为我的人生做些什么事情。

后来，女孩拥有了越来越多的好朋友。有一年圣诞节，在广州，她邀请我去她家参加圣诞Party。我去了，发现一屋子人，我数了一下，大概有28个外面来的朋友。这很有意思，这个女孩很悲切地痛哭了一次，她的人生就发生了很大的变化。为什么会这样呢？这就涉及了我们的不完美中的第一个重要的东西：悲伤。

悲伤：被接纳的悲伤是一股能量

心理学书籍经常会强调悲伤，专业的说法叫哀伤过程，指任何一份失去都会引起我们心中的悲伤，如果我们让这悲伤流动，就意味着我们接受了丧失、接受了失去。悲伤的流动是需要时间的，所以巨大的失去引起巨大的悲伤，而巨大的悲伤在一定的时间内流完，这就是所谓的哀伤过程。

你必须在面临巨大的失去的时候完成这个哀伤过程，这样才意味着你接受了你人生的不幸。这个女孩之所以有这样的转变，是因为她接受了她过去的人生中的那些痛苦。然而，当她不接受这些痛苦时，就会希望能够在痛苦中看到所谓的正能量，于是她特别想讨好对方。

如果你有一个讨好型的朋友，你就会发现他做十件事情，九件做得很好，一件做得不够好，于是他不在乎那九件，而只对那一件耿耿于怀。为什么会这样呢？女孩Z过去的人生充满黑暗、不幸，她不想接受这些，结果在跟别人相处的时候就很害怕那些线索会让她想起这些。也就是说她在和她的人生较劲，她想否认这些痛苦。结果跟她相处的时候，你发现一旦有什么信息让她回忆起她的痛苦，她就会对这件事耿耿于怀。

当她完成了这个哀伤过程，实际上一次哭泣并没有真正地彻底地消除悲伤，但是对她来讲，这是个很重要的过程。当她完成了很大一部分，说明她接受了这个事实：是的，我的人生有很多不幸，我不再和这个事实较劲，我接受我人生的真相。当她接受了这个真相之后，她的能量就在这个不幸中获得很大的释放，她就可以真的去思考自己可以为自己做些什么。

当你的人生遇见各种不幸，你会产生一个很本能的感觉，这个感觉就叫作悲伤，悲伤也许是所有的感受里最重要的一种。你能否让你的悲伤流动，意味着你是否能够真的接受人生的真相，你是否真的有智慧。

攻击性与恐惧：敢于攻击，才是真正的“好人”

接下来是愤怒，或者是我更喜欢的另一个词，叫作攻击性，这个过程展示了人性的奥秘和复杂。我原来以为我的心理医生会给我讲许多人性的奥秘，其实不然，我们的话题大部分涉及攻击力。我压抑了我的愤怒和攻击力，结果让我活得不自在，通过老师的引导，我慢慢清晰地认识了攻击力，碰触到我内心深处的攻击性部分，让我变得和以往不同。在深度睡眠治疗中，我梦到自己变成巨大的恐龙、土匪头子……

作为心理咨询师，我有几十个来访者，我的个案都是长程的，他们就是我故事里的人物。他们变成我的文章、书里的人物，我就是靠劫掠他们的故事维持我的生活的。这样一想自己不是拯救者，而是土匪，也就是坏人，自己就有一种很深的崩溃感。同时，我又觉得自己是知名心理咨询师，收费根本就不贵。

通过这次学习我真正明白了接受自己就是土匪头子，攻击性的恶魔才能出来，才能真正认识到自己是很自私的人。我接受了事实，心里才自在了许多，自己的攻击性就出来了，我能真正放松了。我的气质变化来自这里。

如果一个人不能直接对别人表达愤怒，而是绕着弯去表达攻击性，这就是心理学上的被动攻击。例如，不直接拒绝别人，而是拖延。每个人心里都有大量的愤怒，你能否觉知到你的愤怒，你能否合理表达你的愤怒，是心理健康的重要标准。弗洛伊德说过："一个人能否合理表达自己的攻击性是健康与否的重要标准。"如果一个人做不到这些，就必然有心理疾病。

恐惧是个非常重要的东西，它的重要之处在于越让自己害怕的东西就对自己越重要。我们平时怕的"鬼""冤魂"，其实都是我们自己的一部分，压抑在心里的愤怒、恐惧久了多了就变成了我们心里的"鬼"。它告诉你有些东西在生命里非常重要，你必须学会面对。你真正恐惧的是悲、是丧失，比如，你越是没有安全感，就越害怕一个人离开你。

我也有怕"鬼"的时候，那时我跟女朋友提出了分手，虽然分手是我提出来的，但是仍然唤起了"我失去了"这样的恐惧。就是说失去了她，我就是一个人了。这时候我就很害怕这种失去，因为这种恐惧向外投射就变成了一个"鬼魂"。当我在这个恐惧里待了一会儿，我发现这个恐惧就过去了，那么这个事我就可以轻松地去面对了。

我们要知道，我们对自己情绪的担心和害怕，其实往往来自童年。当你还是婴儿时，如果有大量孤独的时刻，或者当你是孩子时，有大量受伤的时刻，这会导致你害怕痛苦，你希望能够逃离那些痛苦。因为当时你面对和化解痛苦的能力是非常弱的，你除了父母，没有别人。那时候你经常有这种感觉，而且事实上你也面对不了自己的痛苦，所以你要通过逃离的方式来解决问题。

按照弗洛伊德的说法，这叫压抑，用各种各样的方式压抑自己。但是现在不同了，现在你是一个成年人，痛苦往往不再是一种真实的东西，而仅是你内心的一种感受，一旦你好好地去体会它，让它在你心里流动，这种感受就会成为一份能量。

内疚：我错了，那又怎么了

内疚，也很重要。内疚和羞耻也许是这个世界上我们最不愿意面对的感受。为什么呢？内疚和羞耻是这样的一种东西，我伤害了你，所以我内疚；我觉得自己是个坏人，所以我羞耻。内疚通常是我们所不愿意面对的东西，因为它意味着我错了。而前面说的悲伤、愤怒、恐惧，这三种感受是在说对方错了。

所以，很多人选择成为圣人，却不愿意成为坏人。我的一篇文章《内向是对内向者的保护，外向是对外向者的嘉奖》中提到，很多外向者在社交层面会如鱼得水，而且他们的生意也做得很成功。为什么会这样呢？因为其实我们都是依赖关系的动物，我们很希望在关系中得到认可、得到爱。如果一个外向的人靠近我们，向我们传递这样的信息——我喜欢你，我欢迎你，我想跟你交往，那么这就意味着他打破了我们的孤独，所以我们就会觉得自己是受欢迎的。大家觉得外向的朋友具有很大的价值，而且外向的人经常有这样一个特点，他经常是会索取的，可以很轻松地说出他要什么。

对于不能够提要求的人而言，每当你建立一个关系，就意味着你在丧失你的资源，你在付出，也就是说你朋友越多，你付出得越多，你就越累。例如，我便经常要斩断自己的一些关系，这会让我内疚，但现在我会好好地看待这份内疚，让内疚的能量流动，而不是为了避免有内疚的感觉，就不再向别人提要求。过去我不会攻击别人，不会拒绝别人，也是因为我会感到内疚，所以过去我在自己的关系中就非常不自由。

如果你是一个非常好的人，就意味着你在处理内疚方面其实有很大的问题。建议这样的朋友认真思考自己的这个问题，试着学习，内疚一点又怎么了？我错了又怎么了？

嫉妒：压抑嫉妒便是削弱竞争力

嫉妒也许同样是我们特别不愿去面对的一个东西，因为大家都知道，吃醋、嫉妒狂，都是在描述那些看上去很不受欢迎的人。其实嫉妒和竞争是紧密联系在一起的，如果你克制自己的嫉妒，就意味着你在克制自己的竞争力。这会造成很多问题，例如，不能够在职场成功升职。

接纳黑暗，打开生命的通道

悲伤、愤怒、恐惧、内疚和嫉妒，还有简单谈到的羞耻，我很想说，这些都是我们生命中很重要的能量。

我的书签上有一句话："成为你自己。"什么是自己呢？其实，在这个所谓的自己身上，往往所谓坏的东西比所谓好的东西更加凸显本质。悲伤、愤怒、恐惧、内疚、嫉妒和羞耻中藏着我们生命的本质。我们想成为一个真实的人、一个更好的人，想把真正的自己活出来，就需要去触碰这些东西，理解和接纳这些东西。

罗杰斯说过："爱是深深的理解和接纳。"通常我们认为这句话是对别人说的，但是其实这句话同样可以放在我们自己身上，我们需要深深地理解和接纳我们自身。接纳自身什么呢？如果你已经是一个特别好的人，那还有什么要接纳的呢？大家都知道，所谓要理解和接纳的东西通常就是你心理上的那些黑暗面。

非常有意思的是，当你一旦深深地理解和接纳了这些所谓的黑暗面时，它们就是美，就是生命中最棒的东西，你会觉得它们根本就不是黑暗，而是从黑暗转化成了光明，从丑陋转化成了美好。同时，你会深深地体验到什么是自由。这时候你就知道能量流动、生命力流动的感觉是怎样的了。

弗洛伊德说噩梦是潜意识的一种，如果你从噩梦中醒来，身体不能动弹，可以尝试去体验这种感觉。你的身体保持不动，你的脑袋没有做很多工作，就意味着你没有切断流动的潜意识，而这就是最好的理解和接纳。而一旦你理解和接纳了，让它们自由流动了，一开始你会很难受，但是坚持下来就是美好的体验，能坚持 15 分钟就已经是极限了。

我现在 41 岁了，却从没有过这么好的感觉。就是因为我不断地在体验这些东西，让它们流动起来，达到疗愈的效果。

再次重复这句话：真实胜过完美。

如果你也对心理治疗感兴趣，或者是心理学人士，想学些东西，推荐这三本书：《感谢自己的不完美》《身体知道答案》《梦知道答案》。《身体知道答案》讲的是身体比头脑重要，感受比想法重要，你必须回到自己的感受上，回到自己的身体里，这个时候会有很好的疗愈效果，脑袋是治疗不了你的。《感谢自己的不完美》讲的就是负能量比正能量更具有价值，当我们积极地追求所谓的正能量的时候，其实就割裂了和所谓的负能量的联结，这种割裂是一个重大的损失。悲伤、愤怒、恐惧、内疚、嫉妒和羞耻，我们要打开这些感受的管道。当我们打开这些管道时，生命力就会在我们身上流动。

从 1992 年在北大心理学系学习心理学开始，到现在已经 23 年，我终于深刻地、频繁地体会到了这种流动的美好感觉，这是因为我不断地在和人生中这些所谓的黑暗面共处。

当我面对科学主义心理学路线和现象学心理学路线的时候，我选择了现象学的路线。学院派不可避免地重视头脑轻视身体，我却本能地重视身体。23 年来我一直在走自己的路，现在我终于找到了自己的位置。

这并不是说武志红有多么好，而是我作为一个管道，越来越通畅。

提问环节：

问：上班一年多，在单位和领导接触后就会不断地想，自己是不是做错了什么，说错了什么。在生活中，和比自己强的人接触时就经常紧张，放不开。但是平时我是个很开朗的人。老师，请你帮帮我吧。

答：其实潜意识里你完成了一个过程：我看到你比我好，我看到你比我强，我嫉妒你，我想比你强，其实我攻击了你，我攻击了你之后，我就会想我做错了、说错了，所以我感觉到你会报复我、你会攻击我。我就有这样的担心。嫉妒和竞争，这太正常了，这就是人性的本质。我当然想比你强，但是一旦有了爱，我体验到你爱我，我知道我是一个本质很好的人，那么这个时候我就会由衷地接受你可以比我强。爱的能力可以从与父母、伴侣的关系中修复。

问：读书时我是个好学生，工作中也尽量想让人满意，总把自己弄得很累，领导也会给我派更多的活儿。有几次的工作都是把自己逼到了极限，实在受不了了，就辞职了。如何打破这个模式呢？

答：第一，学会拒绝，先拒绝一些很轻松的东西；第二，对过分的人表达愤怒，不要被动攻击；第三，要意识到自己的完美自恋。

问：女，我失恋了很多次，我的模式永远都是我提分手，后悔，对方不后悔，我就低三下四地去求，结果对方离我越来越远。总是不能彻底结束，有空就想找他。深深地讨厌这样的自己，却不能控制。

答：害怕失去，投射到别人身上，认为别人也害怕失去，于是一旦感受到对方的愤怒，便用分手来威胁别人；可是一旦失去，却不能面对悲伤。建议你找心理医生。

问：我是一个很自卑的人，我想让自己的每一方面都比别人强，如果比别人差，就会很自卑。我为什么什么都想和别人比？我应该如何面对自己的自卑？我经常感觉自己很无力、很懦弱，没有男子气概。30多岁的人了，总觉得自己没有力量，小心翼翼地活着。在与别人沟通时，总感觉很愤怒。我如何才能让自己强大？

答：你还属于未成年的婴儿状态，这叫完美自恋，或者叫全能自恋。在内心深处，你觉得自己应该是无所不能的。最重要的是，你如何才能面对自己的不强大。你不是神，而是一个普通人。建议找心理医生，并且要给医生一定的时间。

问：我是乖乖女，是别人眼中的优等生，从来没有叛逆过。母亲强势，父亲对我很宽松。我从小害怕和别人接触，即使和别人接触，也是语言上的接触，没有情感，像机器人一样。怎样才能和别人有正常的交流呢？母亲总是批判我，父亲对我很好，但我却不愿与父亲亲近，我是不是白眼狼？

答：不断地被妈妈攻击，潜意识里你是抗拒的，你认为所有人都是你的妈妈，所以不愿意与他人亲近，包括你爸爸。学会做自己，但是从小事做起，不要一开始就用恋爱、工作这种大事来表达攻击。可以和妈妈吵架，只要没有进行身体攻击，都是可以的。

问：我是一个爱自责的人，看不到自己的任何优点，对自己极度不满，又将这种情绪以愤怒的形式发泄给身边的人。我应该怎么做？

答：区分想象和现实。在你的想象中，你对周围的人有极大的攻击性，甚至想杀死对方，所以你很自责，你觉得自己是个很坏的人。你想杀人和你真的有杀人的举动完全是两码事，你不需要为这个深深地自责。

问：我是个典型的老好人，活得小心翼翼，对同事和朋友从不发脾气，看了你的文章，我有所触动，很想展露出自己的攻击性，以后不再压抑自己。我要从哪方面开始做起？如何一步一步地实践，展露自己的攻击性？

答：一是现实层面，在小事上坚决捍卫自己的立场，也就是先从小事开始，从最容易的事情开始；二是学习表达愤怒，学习拒绝，学习观察自己是如何敏感地从关系中逃走的；三是观察自己的内心，观察潜意识中非常暴力的攻击性的部分，并接受长程心理咨询。

问：孩子不听话，自己状态不好的时候，就会将怒气发泄到孩子身上，很可怕！以前发誓，绝对不能打孩子，但现在孩子3岁了，越来越叛逆，我打过他屁股，还扇了一巴掌，甚至还掐过手，做完这些事，我真的内疚得要死。我怎样才能改变自己？我真的不想伤害孩子。

答：第一，你在重复你和你妈妈的相处模式；第二，你也有一个婴儿心理，认为自己是全能的，因为我是神，我让你怎样，你就该怎样。你至少要控制住自己，不要做对孩子有真正伤害力的事情。

最后，真实胜过完美。我们要做的不是灭掉内心的魔鬼，而是去认识并拥抱它，使我们逐渐认识到，原来它是这么好的东西。希望大家都能活出真正的自我！

序

拥抱你的不完美

接纳自己！

悦纳真我！

或许，你常听到这类哲言，但你会说，这个道理我懂啊，可是，为什么对我没有用？

因为，它们有一个前提——你首先得看到自己，而这相当不易。因而，美国心理学家斯考特·派克将认识自己这条路称为“少有人走的路”。

之所以不易，最重要的原因是，这个所谓的“自己”中，有太多黑暗、太多痛苦，我们不想面对。

讲一个故事吧。

前不久，我的来访者许哲结束了他在我这儿的长程咨询，他说：“终于好起来了。”

许哲30多岁，但他看心理医生的历史却有近10年了。

不过，好起来的那一关键时刻，却看似与心理医生无关。当时，他在看一部电视剧，剧中一人对另一人说：你骗得了别人，但你骗不了自己！

这句很普通的话，却如闪电般击中了他，他感觉脑袋“嗡”地响了一下，无数感触与过往事件在他内心翻腾，并瞬间融合在一起，令他感到自己的内在与外部世界都刹那间变清澈了。

是啊，他对自己说，你一直都想扮一个好形象给别人，可你骗不了自己！

他说的好形象，即他一直都尽可能用百分之百的努力，试着给周围人留下一个好印象。

但其实，他几乎是每时每刻都处于痛苦纠结中的人。他不能独处，因为独处时会感到致命的孤独，这份孤独演化出虚无，让他窒息，让他觉得活着没有任何意义。然而，和别人在一起，他同样痛苦，因人际关系中的任何一件小事，他都能从中看到别人对他的鄙视。

并且，面对别人的鄙视，他没有自我保护能力，就好像别人敌意的眼光——多数时候并非真的，而是他以为的，会直接刺到他的心脏上。

致命的孤独与根本不能融入关系，这两者结合在一起，成为对他的双重绞杀，令他既不能独处，又不能进入关系。结果，他选择了最低限度的人际关系——只与一个人交往。

以前，这个人是妈妈；成年后，变成了初恋女友，后来变成了他的妻子。

他的痛苦，多数时候不是那种尖锐的刺痛，而是钝痛，它散布在他人生中的每一时刻、每一角落，围裹着他，让他感受不到其他事物。

这种钝刀割肉的痛苦，太难受了，所以当他 20 多岁听到心理医生的概念之后，立即开始四处求医了。

他自己在一个小城市，而国内有些名气的心理医生大多在大城市，他听说一个就去找一个，对这个失望了，就换一个。

最后，他找到我，而在那个关键性治愈时刻发生前，他咨询我已持续近两年了。

绝非是电视剧中的那句话将他治好了，也绝非是在我之前的心理医生都是庸医，而是这 10 多年的努力都很重要，而那个治愈时刻，是一个从量变到质变的转折点。

那么，量变到质变是如何发生的？

许哲说，根本在于，他终于接受了真实的自己，即实现了那个所谓的“接受自己”。

过去，他一直在否认孤独而不善交际的真实的自己，他总觉得，自己不应该是这个样子。并且，他脑海中有一个完美的自己，他一直期待自己是那个样子。

曾有几天的时间，他一度成为那样的完美男人。有十足的雄性魅力，同时对别人又有高度的共情能力，可以凭直觉清晰地捕捉到别人的感受与需求。并且，他可以自如地选择，或者满足别人，或者拒绝别人，或者支配别人，或者顺应形势……都是完全从自己的感受出发。有意思的是，不管怎么做，他都会得到别人的尊重。

这完美的几天，让他体验到了天堂般的感觉，但更衬托出在他生命的其他时间里，那些感觉是多么糟糕。这种落差尤其加重了他的痛苦：既然自己明明可以活出那么完美的感觉，却为何偏偏坠入地狱般的感觉而不能自拔？

所以，他绝对不想要那种每时每刻都在袭击他的痛苦，而是期待远离它，并进入一种完美的状态。

咨询的过程，特别是最后一年的咨询，就是对他的这些痛苦做细致又深刻入骨的碰触与理解——大多数理解，都是他沉醉到自己的感觉中而完成的。这个过程非常痛苦，他常常怀疑自己能否好起来，并一次又一次地问我：“武老师，我还有希望吗？”

但这个过程，正是传说中的“认识你自己”的过程！

这个过程中累积的经验，终于等来关键性的时刻。

“你骗得了别人，但你骗不了自己！”这样一句哲言，让他实现了“接纳自己”。他明白，他一直不想接受自己真实的样子，那样孤独、那样自卑、在人际关系中那样笨拙，于是渴望成为相反的、完美的样子。那份完美，其实是表演给别人看的，想让别人说：这个人真不错！

可是，即便真的呈现了一个完美的外在，也只能是骗骗别人而已。

这个“接纳自己”的时刻，像是在一瞬间完成的，但其实是一个累积的过程。前面漫长的咨询，是在做“认识自己”的工作，自己对自己的认识越来越清晰，最终导致了“接纳自己”的关键性时刻的到来。

像许哲这样的故事，在我这几年的咨询中一再出现。

这本书首次出版是在2008年年初，而我是2007年下半年才开始正式做心理咨询的，所以多数文章都是在做咨询前完成的，其中最重要的体验，来自我自己读研究生时的抑郁症的自愈过程，它让我明白，深入地碰触自己内心的黑暗，而不是逃避黑暗去追求快乐乃至一个外在的好形象，这才是治愈之路。

这几年的咨询进一步验证了这一结论。特别是，我的个案多数是超过一年以上的长程个案，其展现的人性的深度，常让我惊叹，让我越来越真切地相信，拥抱你真实的痛苦——假若你内心有这个，就是治愈之路，也是成长之路。

无数哲人也论述过这一道理，如因纽特人（爱斯基摩人）的萨满依格加卡加克曾说：

> 生命远非人智所及，它由伟大的孤寂中诞生，只有从苦难中才能触及。只有困厄与苦难才能使心眼打开，看到那不为他人所知的一切。

所以，拥抱你的痛苦，这是成为你自己的必经之路。

目录
CONTENTS

感 谢 自 己 的 不 完 美

CHAPTER 1
坏习惯不是你的敌人

CHAPTER 2
悲伤是完结悲剧的力量

CHAPTER 3

愤怒是对愤怒者的保护

CHAPTER 4

不要内疚，这世界没有绝对的清白

CHAPTER 5

恐惧告诉你什么对你更重要

CHAPTER 6

只有在人群中，才能认识自己

CHAPTER 7

说出“我接受”，让心灵回归自由

结语

CHAPTER

1

坏习惯不是你的敌人

*

改变恶习最关键的一点是：不和恶习较劲，接受恶习。因为，积习就是你的本性，恶习代表着你内心的需要，你只有理解它并接受它，它才能得到最有效的改造。

坏习惯是一个人人格的一部分，接受它才能更好地改变它。

“本来，昨天安排好了今天的工作，但忽然间不想干了，于是放纵自己，一整天在单位什么正经事都不做，只是晃着。下班了，没人指责自己，但自己觉得自己就像一个黑洞，真是可怕。”

“我是个胖子，知道减肥的最有效方法是少吃多动。大多数情况下，我还能控制住自己，但情绪一低落就会敞开肚皮大吃一顿。于是减肥计划终止了，自己心里也充满挫败感。”

“我总是拖到最后一刻才拼命工作，平时都挂在网上，无论是在家里还是在单位，一遍遍地刷屏，哪怕眼睛发疼、两腿发麻都不停下来。”

……

“以上这些问题都有一个共同点：当事人没有自控力，让坏习惯成了他们的主人。”广州朴实管理咨询公司的资深培训师何长明说，“在我近 10 年的培训生涯中，‘如何增强自控力’是被问到最多的问题。”

“增强自控力并改变坏习惯可以说是一门科学。”正在写关于自控力专著的何长明说，“与一般的理解不同，改变恶习最关键的一点是：不和恶习较劲，接受恶习。因为，积习就是你的本性，恶习代表着你内心的需要，你只有理解它并接受它，它才能得到最有效的改造。”

认识恶习：它一定曾让你获益

“无论你现在怎么痛恨坏习惯，它一定曾让你获益。”广州晴朗天心理咨询中心的袁荣亲咨询师说，“认识坏习惯的这一特点，是改变它的第一步。”

某私营公司的文秘小刘有一个坏习惯：什么文件她都是拖到最后一刻才会拼命做。譬如，公司周一开了次会议，老总让小刘最迟周四交上整理好的会议记录。无论周一、周二时间多么宽裕，小刘都不会先完成这份记录。她是一天 10 次、20 次地在电脑上打开一个文件，但每写几个字就会停下来，一个字都写不下去。直到周三的下午，她才会对着键盘一通狂敲，如果下午还没完成——这对小刘来说是家常便饭，她就会拖到晚上，到晚上十一二点甚至深夜一两点才下班。周四，她一定会一早就来到单位，红着眼睛、带着一脸的疲惫把会议记录交给老总。

小刘下了无数次决心，发誓要改变自己这一作风，但一年年下来，没有任何效果。

袁荣亲说，小刘知道这是一个恶习，但她一直没有想过这个恶习给她带来了不少好处。譬如，同事们都知道她是“加班大王”，这个称号传到老总耳朵里，老总也从不批评她做事拖沓。这些好处成了奖励，强化了小刘办事拖沓的习惯。

这个恶习还有更深层的原因。小刘的爸爸对小刘要求很高，上学的时候，每次她做完作业，她爸爸都要检查一遍，一发现差错，就会狠狠地批评她一顿，斥责她不努力、不认真。

最后，小刘发展出应对办法：熬夜到最后一刻才把作业完成。这样，即便爸爸检查出了错误，但因为知道小刘熬过夜，不仅不斥责她，反而会夸她用功。在公司里其实也一样，老总是男性，面对老总就仿佛是面对老爸，小刘害怕老总斥责自己不努力，所以用了以往的应付方式应对老总。

“某一方式让自己在过去得到了很多好处，自己现在就会无意识地去习惯它、运用它。”袁荣亲说，“这是一种特殊的‘刻舟求剑’。”

习惯是怎么形成的

每一种习惯的形成都必然会经历以下这个循环：

行为发生—得到奖励—强化

如果这个循环只有一次，那么一个习惯不可能形成。习惯之所以形成，是因为一次次产生强化，让当事人产生了一个自动思维“如果我重复这个行为，可以再得到奖励”。

强化包括奖励和惩罚。如果重复某种行为，当事人得到奖励，那么他就会养成做这件事情的习惯；如果重复某种行为，当事人得到惩罚，他就会养成不做某事的习惯。

譬如，把小白鼠放在笼子里，每当它走到笼子口时，就电击它。这样的次数重复多了，再撤掉电击，这个小白鼠仍然不敢靠近笼子口。这是一种负向的强化，结果就是让小白鼠不再做某种行为。

其实，在我们的生活中，也有大量的这种例子。一些人对做某些事充满了恐惧，原因就是他们在以前因为做类似这种事情时遭到过严厉的惩罚。

小张 25 岁了，还从来没有和女孩子谈过恋爱，他一直不知道为什么。在心理咨询室，他最终发现，原来是他 5 岁时发生的一件很小的事情造成的。当年，他去邻居家摘了一朵花（很小的孩子是没有“偷”的概念的），但年轻的女邻居却闯到他家里，对他的父母大吵大闹，指责他是个“小贼”。之后，这个女邻居见到他都是一副鄙夷的态度。小张从此开始惧怕年轻女人，这种惧怕最终成了习惯，并泛化到他生活中的每个角落，让他不敢和年轻女人打交道。

在小张看来，他不和年轻女人打交道是“有好处的”，因为可以避免年轻女人对自己的侮辱和指责。但他忘记了，这是他小时候的经验，那时候他没有能力去反击、去保护自己，理性地看待“偷花”这个指责。但现在他长大了，完全可以理性地面对年轻女人了。

不过，没办法，袁荣亲说：“人就是非理性的，人们都是根据自己过去有限的人生经验总结出自己的人生信条，这些信条发展出的自动思维左右了我们现在的行动。这听起来很荒诞，但这就是事实。”

积习为何难改？

袁荣亲说，习惯其实就是个性的基础，而个性又决定了我们的命运。从这一点看，可以说“习惯决定命运”。

某外资公司的一名管理人员庞先生说，他相信“习惯决定命运”这种说法。庞先生从小极其聪明，上学从来都是不费什么力气就能在班级甚至年级名列前茅。但他说：“如果可以选择，我宁愿选择让自己笨一点儿，必须努力学习才能名列前茅，这样我就会形成努力的习惯，而不是现在的惯性思维‘我稍微努力就能做到最好’。一般聪明加努力的习惯，要远比聪明加不努力的习惯要好。”

庞先生做过很多尝试，想培养努力的习惯，但一直未能成功。

积习为何如此难以改变呢？

北京大学心理系的钟杰博士说，最新的神经研究发现，每一个“积习”在大脑中都对应着一个神经回路。轻微的习惯，相对应的神经回路的“刻痕”比较轻；持久的习惯，相对应的神经回路的“刻痕”比较重。并且，那些“刻痕”比较重的神经回路可以说有了独立的生命力，它们自己启动后，我们就会忍不住去重复相关的行为。那么，是不是说，积习就没有办法改变了呢?

恶习的第二个好处：立即满足愿望

这种“刻舟求剑”当然不成立。在袁荣亲的建议下，小刘试了下当天的任务当天完成。结果，她发现老总对她赞不绝口，既没有刻意挑她的错，也没有给她提更高的要求。在这一刻，小刘明白了：老总不是父亲，她没有必要把在家里的习惯带到单位来。

除了“刻舟求剑”式的恶习带来的好处外，恶习普遍还有另外一个好处：愿望立即得到满足。

超市里经常会出现这样的情景：小孩子哭着闹着要好吃的好玩的，父母不给买就不罢休。“我必须现在就得到”，这是小孩子最典型的心理。小孩子的视野比较小，他们要做的、要负责的事情并不多，只要“愿望立即得到满足”，他们就会开心起来。

但是，成人不同。成人需要同时进行几件事情，而且必须为自己的行为负责。这个时候，成人就必须有“延迟满足”这个意识。这是成人和孩子最大的区别之一。

但实际上，很多成人其实和孩子一样，他们心中泛起一个愿望，就希望立即得到满足，根本没有“延迟满足”这个意识。譬如，一些白领一坐到电脑前就迫不及待地先打开电子邮件或QQ、MSN等聊天工具，看看有没有朋友给自己留言。一旦发现有，不管是多么无足轻重的话，他们都会立即回话。至于正职的工作，就一直拖了下去。

心理学家认为，“延迟满足”与父母的训练有关。在幼儿期，如果父母对其大小便的训练不严，想大小便就随处解决。那么，这个孩子在长大后就会既缺乏纪律感，也缺乏“延迟满足”这种意识，他们想要什么就必须立即得到。

接受恶习：它必然对应着一种“次人格”

恶习的对立面是自控。“自控”的表面意思就是“自己控制自己”，发誓改变恶习的人也很容易有这样的观念：我必须控制住自己。

但何长明说，这是对自控力的一个最大误解。当我们说“控制”时，就是将坏习惯当作了自己的对立面或敌人来看待，发誓要击败它。但实际上，所谓的击败不过是压抑。它有时会被击败，但日后它还会发起攻击。这就好比弹簧，你压抑它越厉害，它反击的力量就越大。这是很多胖子、酗酒者、网络成瘾者等人群在改变坏习惯时一而再，再而三失败的重要原因。

对我们来说，每一个坏习惯都有其好处。不仅如此，实际上每一个坏习惯都是我们人格的一部分，都反映着我们自己的深层需要。

前面说的小刘的例子，她之所以总把事情拖到最后一刻完成，既是为了逃避老总的指责，也是为了赢得老总和同事的赞誉。许多上网成瘾的孩子，他们之所以整日沉溺网络，要么是因为现实生活中缺乏爱，要么是学习压力太大了，一遍遍地重复学习实在太乏味了。

何长明说，我们必须认识到，每一个人做任何事情最终都是为了满足自己的一些深层需要，每一个负面的、损害性的行为背后都有一个正面的动机。如果认真聆听我们内心的声音，你会发现，生命中每一部分都是你的朋友，都是为了帮助你更好地生活。当你理解这一点时，就会带着感激的心去面对你本来仇视的缺点和恶习，开始把它们当作朋友来看待。这时，你就不会再像面对敌人一样试图去击败它们，而是去接纳它们、了解它们。这其实就是你人格的一部分，或者说是你的一个“次人格”。当你这样做时，这个次人格中所蕴含的能量就会被我们接受，成为我们生命中的一部分。

只有当你理解了、接受了，真正的改变才会发生。何长明说，这个过程被称为“次人格整合法”。

把恶习当朋友来接纳

你有过这样的经验吗？你必须在周末写出报告，否则会付出代价。但你却呆呆地坐在电脑前，脑子里空空如也，一个字也不愿意敲。你一会儿打开旅游网站，一会儿打开爬山网站，所有的内容你都看过了，但你还是一遍遍地刷新网页。你强烈地谴责自己，发誓再也不做这些无聊事了，但过了一会儿，刚写了几个字，你又开始刷新网页了。

那么，换个方式。仔细地聆听一下你内心的声音，你会听见，你心中有一个部分在大喊：你整天做令人烦躁和劳累的工作，你太需要休息和娱乐了。现在，你要感谢这个“次人格”对你的关心和帮助，告诉它你一定会去。但此时此地，你必须先把手头的工作完成。这个时候，你会发现，那些曾经让你分心的想法不再纠缠你了，它相信了你的承诺。

真正能自控的人是内心和谐的人，他们将自己内心的每一部分需求都当作朋友来看待，这样每一部分都不会捣乱。这样的人不是试图控制或压制一些缺点，而总能从它们当中找到正面的信息。

如果不这样做，而是一个人整天强迫自己完成这个义务、完成那个责任，那么，他就会发展出很多个与自己的主人格相敌对的次人格。从意识上看，这个人似乎很负责、很正常，但从潜意识上看，这个人的内心会有很多冲突。碰到这种人，何长明就会尝试用“次人格整合法”对他进行治疗。这个方法的宗旨就是：我们生命中的每一部分对我们都是有帮助的，我们必须把它们当作朋友来接纳。

但多数人没有这样的意识，他们对自己的胆怯、苦恼、恐惧、愤怒等脆弱的一面采取无视或排斥的态度。比方说，有一天早上醒来，你不想上班，有人可能教过你，要忘掉这种不好的感觉，对自己大喊几声“我很好”“我很棒”“我一定能行”等口号，用这种积极暗示压下内心那个无助而孤独的自己。这会起到一定效果，但最终会造成次人格与主人格的分裂。次人格并没有消失，而是被压了下去，但说不定哪一天，它会来一个大爆发。

何长明说，在培训课上，他从不会教学员做压抑性暗示，而是教学员认真倾听自己内心的声音，理解自己脆弱的根源，并从这个根源入手来解决问题。

寻找动力：发现你内心的使命感

做了改变恶习的决定，却迟迟不去执行，或者执行一段时间就放弃了，而恶习仍在继续。之所以屡屡出现这种情况，其根源是没有找到使命感。何长明说，强大的使命感才是促使我们改变的发动机。

譬如，很多人都下定决心减肥却屡屡失败，一个很重要的原因是，他们不知道自己到底是为了什么而减肥，或者说不知道减肥的动力是什么。是为了保持健康，从而让自己生活得更美好，更好地帮助家庭、养育子女，还是就是为了让自己看上去更漂亮？

如果减肥的动力只是外部动力——让自己看起来更苗条，那么，减肥是很容易失败的，因为周围人总是七嘴八舌、意见不一，减肥者很容易受到周围人的打击而自暴自弃。并且，这样的动力也不足以让一个人全身心地奉献。很多人发誓要减肥后没几天就放弃了目标，只好屡屡抱怨“我就是没办法自律”。实际上，任何人都做不到“随便做一个决定，然后就能百分之百地实施”。要保证自己的誓言得到坚持，就必须给这个决定找到足够的理由。

一名摔跤选手考上了北京大学，当时他的体重是 210 斤。在大一、大二期间，他多次发誓要减肥，但每次都没坚持几天就放弃了。两年过去了，他的体重没有任何变化。但进入大三后，他只用半年的时间就将体重减到了 160 斤。为什么会这样呢？原因很简单，他谈恋爱了，爱情给他的减肥找到了足够的理由，这催发了他的使命感。

何长明说：“按照我的经验，最大的问题不是自律，而是我们没有花费工夫确定愿景——为什么要改变？我们没有求助于内心深处的价值观和动力，没有求助于我们生命中最重要的声音。”

听听你内心的声音，了解一下，你真正想做的是什么？那才是你的动力源泉。初恋的时候和心爱的人初次约会时，你会拖延吗？当你热衷于一个电子游戏时，你会拖延吗？答案很简单。当你真正想做一件事情时，动力会从内心自动产生，你自然会自律。不要从外界去寻找迫使你改变习惯的东西，因为它们很容易被你放弃。

“当你真正喜欢做一件事时，自律就会成为你的本能。”何长明说，“这就像玫瑰要绽放、茉莉有芬芳、鸟儿会飞翔一样。所以，请记住，增强自控力的唯一根本在于要找到你真正爱做的事情是什么，真正想成为怎样的人，也就是要找到你的人生使命。”

培育好习惯：兑现承诺，从小处做起

学会了和“次人格”对话，又找到了改变习惯的使命，是不是就 OK 了呢？

绝非如此。尽管最重要的问题解决了，但改变恶习仍需要一点：立即去做。

因为，每一个旧习惯对应着的神经回路是无法消失的，只能靠新习惯打造更强大的新神经回路，用新的神经回路去战胜旧的神经回路。

新的神经回路一开始必然是脆弱的，要用它战胜旧的神经回路，最好采取一些聪明的策略。

第一，从最容易的事情开始。一开始不要给自己太大的压力，只规定一些小的任务。譬如，查出明天要拨打的电话号码，记下来，今天的事情就完成了；拿出所需要的资料，放到桌子上，不用急着开始工作。

一开始不要急着做大的决定，要慢慢开始，在一些小的方面向自己做出承诺并且遵守这些承诺。让你的内心引导你做出承诺。承诺一旦做出了，无论是多么微不足道，都要遵守下去。

这样做的意义何在呢？何长明说："当你做出承诺并履行承诺时，你会对自己越来越满意，你做出及履行更大承诺的能力就会增加，简单地说就是你会越来越自信……我们每个人肯定都有过这样的经验：你知道什么该做，并真的那样做了，你会觉得很开心，你会对自己很满意，会获得心灵的宁静。"

他说："在这个世界上，分裂是最大的痛苦，堤坝的分裂会导致洪灾，地表的分裂会导致地震，山峦的分裂会带来山崩，爱情的分裂会带来离婚，同样你和自我的分裂会带来一生的痛苦和遗憾。人生最大的痛苦莫过于知道该怎么做却没有去做，你会自责，你会对自己不满意，你会觉得自己是渺小的、不讲信誉的。总而言之，就是你开始不信任自己，自信心降低了。"

第二，每天必须做一件事情。你可能曾经给自己做过很多承诺，但都没有坚持下来。那么，不要想一天把它们全实现。试着每天只规定自己必须完成一件事。这很容易实现，而实现的喜悦就是一种强化，会使你的新习惯更强大。

第三，每天必须不做一件事情。你可能有很多坏习惯，你成了它们的奴隶。不要企图一天把它们全消灭，试着规定自己每天必须不做其中一个习惯。

第四，不要积累太多的未完成的事情。每个未完成的事情都会吞噬你部分心理能量，无论这个事情多么不起眼。

第五，有决定胜过没有决定。你可能有太多的想法，但很多想法相互矛盾，所以你干脆一年一年地什么都不去做。你试图去梳理你的这些想法，却一直没有梳理清楚。

那么，不妨随机选择其中一个想法，只要它是你内心的愿望，不是你要做给别人看的。就从它开始去做，去为它努力，一步一个脚印地去实现它。做，总比坐着想更能提高你的自信。

带着心理问题积极生活

痛苦本身其实只是一个信号，只是告诉我们，问题发生了，我们应该去改变。如果只是一味努力降低痛苦、逃避痛苦，那就是在逃避问题自身，这并不利于心灵的成长。

每年的9月10日，是“世界预防自杀日”。有意自杀的人，绝大多数都遭受着各种各样的痛苦的折磨。那么，是不是减少痛苦就可以让一个人远离自杀，重新恢复心理的健康呢？

中国科学院心理研究所的陈祉妍博士说，答案是否定的。我们痛苦了，第一反应就是想降低痛苦、逃离痛苦。但是，痛苦本身其实只是一个信号，只是告诉我们，问题发生了，我们应该去改变。如果只是一味努力降低痛苦、逃避痛苦，那就是在逃避问题自身，这并不利于心灵的成长。

这和身体疼痛的道理一样。当我们肚子疼时，医生经常不建议先服用止疼药，因为那会让身体麻木，让医生难以探查到底是哪里的内脏发生了病变，从而无法下手治疗。心理痛苦的意义是一样的。

陈祉妍说，每一种心理的痛苦都是有意义的。我们可以有无数种方法降低痛苦、逃避痛苦，但真正解决问题的方法只有一种：直面痛苦，认识痛苦的意义，领悟到问题的来源，并由此成长。

武汉著名的心理治疗师曾奇峰说“心灵注定要在创伤中前行”，正是这个道理。

从 6 月 11 日的第一期专题“吵架了去看心理医生”到今天 9 月 10 日的“世界预防自杀日”，我做“健康 · 心理”版正好 3 个月了。①

在这 3 个月里，我常常会产生无能为力感，因为收到的求助信件太多，我自己不可能一一回复，甚至都未必能帮读者找到适合他们的心理医生，因为全国的心理咨询业远不够发达。而且，一些读者自己也没有钱去看心理医生。

在这个过程中，我一直在思考，也和很多心理专家探讨过，怎样才能帮助广大读者提高自己的心理健康水平，有一些什么样的概念和建议可以让更多人实施自助。

最终，我找到了三句话：

一、接受心理问题，带着你的心理问题去积极生活；

二、打开心扉，寻找你身边的“业余心理医生”；

三、理解他人，自己去做一名好的“业余心理医生”。

痛苦只是心理问题的信号，直面问题才能减少痛苦。

---

① 本文首次发表于 2005 年 9 月。——编者注

首先，我想强调一点：永远不要以为你的问题独一无二，永远不要以为你是最不幸的。实际上，几乎每个与我深谈过的人，包括我身边的亲人朋友，都或多或少地有各种各样的心理问题。其实，我们都是带着心理问题在生活。不同的是，有些人陷在心理问题之中日益消沉，而有些人却能做到带着心理问题去积极生活。

譬如数学家纳什（电影《美丽心灵》中的男主人公原型），他在年轻时患了精神分裂症，从未彻底治愈，幻觉和妄想一直在纠缠着他，但他带着症状去生活、去思考，并最终获得了诺贝尔奖。

要分清痛苦与问题，可以想办法减轻痛苦，但更重要的是，我们要有勇气去面对问题。

太痛苦常常是因为不了解为什么痛苦，而太痛苦又直接导致我们逃避痛苦、恐惧痛苦……最后，我们忽略问题自身，迫切地想消除痛苦，因此产生了一系列心理问题。要带着心理问题去生活，我们必须先改变一些习惯性的错误认识，明白痛苦与问题的关系。

错误认识之一：“我是天底下最不幸的”

“一和异性说话我就会脸红，每次面对异性都感到脸上火辣辣的，只好落荒而逃。别人都是那么镇定，为什么唯独我这个样子？”

“口吃让我痛不欲生。为了治口吃，我什么方法都尝试过了，还是没有任何效果。因为口吃，我屡屡丢人现眼，每次都有想死的心。看见别人流利地说话，我又羡慕又嫉妒，为什么他们那么自如，而我就这么不幸？”

“我是一名大学生，小时候因为一次意外断了一节小手指，从此以后特别自卑，觉得自己是一名残疾人。在大学里，我非常担心别人会看到我的残疾，总是把手插在口袋里。每次不得不把手抽出来时，我的心都会咚咚地跳个不停……自己的一生就毁在这一截小手指上了。”

“我失恋了，看着别人成双成对地走在一起，觉得自己是天底下最不幸的人。”

……

每个人都有不同程度的心理问题，并且每个人的心理问题都有大量的“同道”。但人们经常看不到这一点，以为自己的痛苦独一无二，总是感叹“为什么不幸的偏偏是我”，将自己的问题无限扩大，并将它当作生命中最重要的事情，用一切资源去纠正它。

之所以如此，是因为有心理问题的人以为自己的问题是洪水猛兽，不敢将它暴露出来，在封锁自己的问题的同时也封闭了自己。久而久之，就觉得自己是天底下独一无二的最不幸的人了。

口吃者如此。很多口吃者一开始将自己视为最不幸的人，但一旦接触到口吃团体，发现居然有这么多人和自己一样不幸，他的痛苦就减少了一半。

各种社交恐惧症患者也如此。脸红恐惧症患者以为天底下就自己一个人一见人就脸红；对视恐惧症患者以为天下就自己一个人眼睛总往下看而不敢和人对视……但实际上，患有他们这些病症的大有人在。心理治疗师在治疗社交恐惧症患者时，第一步常常是给他们看其他人的案例，等他们发现有这么多人和他有同样问题时，痛苦就减少了大半。

无论多么古怪的心理问题，基本都可以找到大量的同类，没有谁是“天底下最不幸的人”，总有别人和你一样不幸甚至更不幸。

“我们的幸福建立在别人的痛苦之上”这句话从这个角度讲是有道理的。再不幸的人，发现同样不幸的人总会觉得像找到亲人一样。

错误认识之二："痛苦都是因为现在"

产生了惧怕、恐慌、愤怒、焦虑、忧愁等负性情绪，我们会深陷其中，不能自拔。这个时候，不妨思考一下"为什么"。

一个 27 岁的女孩写信说，她只谈过一次恋爱，分手后再也不敢谈恋爱了，因为"我很怕失去，很怕那种如坐云端却顿时坠入谷底的感觉，很害怕"。

无数人在恋爱中分手，但多数人后来又开始了新的恋爱，为什么这个女孩"很害怕"而不敢再谈恋爱呢?

一般来说，这可以回溯到童年。这种不敢再谈恋爱的女孩大多在童年遭受过严重的分离焦虑的伤害。譬如，父母在她很小的时候离开她很长时间，甚至，其中一方离开后就再也没有回来。这种严重的分离焦虑最后化为一种无意识，深埋在她的心底，分手重新唤起了她的无意识，又一次诱发了她严重的分离焦虑。于是，她宁愿麻木，也不想再有亲密关系。

恋爱中死去活来的痛苦大多与童年分离焦虑有关。痛苦时，不要只沉浸在痛苦中，或者以寻找刺激的方式来降低痛苦或麻痹自己，而要思考一下"我为什么这么痛苦，我重复了童年的什么体验"。

一对姐妹，在同一所大学读书。妹妹失恋后割腕自杀，姐姐从此发誓再也不谈恋爱。她果真坚持了下来，40 多岁了仍然单身。

从表面上分析，姐姐可能是因为太内疚，同时又认同了妹妹，以妹妹的身份恨那个男人，也恨所有男人。但是，如果追溯到童年，就可以明白到底是怎么一回事。

她们的爸爸辜负了妈妈，有了第三者后和妈妈离婚，也离开了她们。当时，她们一个 4 岁、一个 2 岁，正是建立安全感的关键时期，爸爸的离开给她们造成了严重的分离焦虑，她们一早就埋下了对男人的怀疑和愤怒。妹妹

年纪小，产生的主要是自卑；姐姐大 2 岁，产生的主要是恨。

很多人谈恋爱会分手，但妹妹之所以割腕自杀，是因为分手唤起了她 2 岁时爸爸离开所带来的绝望感。而姐姐之所以恨所有男人，并不仅仅是因为妹妹的遭遇，更是因为她心中早就埋下了对男人的恨，妹妹的事情只不过再一次证实了这种恨是“合理的”。

这个 27 岁的女孩和这对姐妹，她们的逻辑看似是合理的，因为成年的体验重复了童年的灾难。

但是，如果她们能好好思考一下，自己的惧怕和愤怒究竟从何而来，她们就会明白，自己的惧怕与愤怒是建立在有限的人生体验上的，是不合理的。

错误认识之三：“用一切办法减少痛苦”

孔子说，人的认识能力分 4 个层次，“生而知之者，上也；学而知之者，次也；困而学之，又其次也；困而不学，民斯为下矣”。以前，我觉得他的话说得非常漂亮，非常有道理，但在我有限的 31 年人生中，迄今尚未遇到真正的“生而知之者”，我所知道的心理学大师，都是“困而学之者”。

譬如，人本主义心理学家罗杰斯，因为提出了患者中心疗法、共情、无条件积极关注等概念，被心理治疗界认为是最有贡献的心理治疗家。他对医患关系的论述更是精彩绝伦，关系也成了他的治疗理论的精髓。但是，罗杰斯在成为心理学家之前，一直是非常自闭的，他的妻子是他第一个真正的朋友。他很痛苦，认真思考人际关系，并最终找到了爱的真谛——“爱是深深的理解与接受”。从此，他比绝大多数人更懂得理解，更能接受任何人。

日本心理学家森田正马，他提出的“顺其自然、为所当为”的森田疗法成为治疗强迫症、社交恐惧症等心理疾病的一种非常流行、有效的方法，而他自己在读大学时正是一名严重的神经症患者。

精神分析大师弗洛伊德，他提出的恋母情结、童年创伤和无意识等成为理解人性的钥匙，而他自己恰恰是一个有严重的恋母情结的孩子。

国内著名口吃矫正专家平易，他自己以前就是一名严重的口吃者。他是在进行自我治疗的时候形成了一套行之有效的治疗方法。

这样的例子数不胜数。我们想逃避痛苦，但痛苦背后的问题恰恰是我们的一部分，须臾不可分离，根本逃避不了。所谓的逃避，只不过是运用种种自欺的方式扭曲了我们对问题的认识，从而减少我们的痛苦。我们以为看不到它们了，但其实它们还是我们甩不掉的尾巴。

而那些直面自己的痛苦及痛苦背后的问题的人，每一次痛苦就促进了他们的成长。

陈祉妍博士说，痛苦是一个信号，也是一个契机。痛苦告诉我们，“你应该改变了”，而那些勇敢地直面痛苦的人，也最容易抓住这个契机让自己的心灵成长。

要记住，简单地逃避痛苦，必然会陷入自我欺骗。直面问题自身，会将你带向成长之路。

错误认识之四：“我能控制自己的一切”

我们经常以为，我们能够控制自己的一切，这种错误认识是强迫症、社交恐惧症和口吃等问题产生的直接原因。

一位男青年来信写道：

我是一名步入社会就业已经6年的普通人，但是，我一直希望我能有不平凡的作为！虽然现在处境也还过得去，但是，我想要更多！对自己也有一定的了解。总结走过的这几年，我意识到自己在个性方面还不成熟！

主要的问题是，我很多时候都不能集中精神思考自己要思考的问题，往往会在思考的时候走神，这样一来，我的效率就很低。想向您请教一下：怎样才能集中精神思考问题？

一位年轻妈妈写信说：

我很爱我的孩子，但我有一次居然产生了想掐死他的念头。天哪，我怎么能这么想，我一定是疯了。于是，我拼命压制这个念头，但它现在出现得越来越频繁。我现在都不敢抱孩子了，生怕我控制不住自己。

这位男青年和这位妈妈的问题有些类似，他们都以为自己能控制自己的一切。男青年偶尔走神，他就认为会严重影响自己的追求。年轻妈妈认为爱孩子就绝对不能产生“想掐死孩子”的念头。

他们都是有了绝对化的想法。人们经常犯这样的错误，是没有认识到，我们顶多只能控制自己的意识，但意识只是心理能量的冰山一角，而大量的潜意识压在心底，是我们不能直接控制的。它们会时不时地浮出水面，这一点是必然的。我们不想它们出现，这只不过是不切实际的要求罢了。

潜意识的特点是，我们越想控制它，就越控制不了，它的活动会越来越频繁。譬如，那位年轻妈妈拼命想压下掐死孩子的潜意识念头，这种念头就会出现得越来越频繁。

一个人的潜力无限，但一个人的意识能直接控制的范围却很有限。我们要清醒地认识到这一点，不要总是和潜意识过不去，不必和走神、坏念头等偶尔出现的问题较真。否则，它们就会成为真正的问题。

错误认识之五："没有它我就一切 OK"

很多时候，当我们把一切焦点放到问题上时，这个问题就会成为我们拒绝成长的一只"替罪羊"。

譬如，前面提到的断了一截小手指的大学生，他最后的断言是"自己的一生就毁在这一截小手指上了"。

真的是这样吗？我们可以做一个最基本的假设，如果他有这一截小手指，那么他的人生就会一切 OK 吗？显然，答案是否定的。

一个大学生，高考前一只耳朵失去了听力，这没有妨碍他考上名牌大学。但进入大学后，他发现因为听力的缺陷，导致他在公共场所不能自如地与人交往，于是，他开始把自己封闭起来。不久，他爱上了一个女孩，女孩对他也不错，但他认为耳朵的缺陷令他配不上她，于是他一次次地在感情中逃避。

因为不断重复感情的创伤，他最终患了重度抑郁症，逃避到网络世界里，整日打电子游戏。

那时，他以为，如果没有这只耳朵的问题，他的世界完全是另外一个样子。

但是，他的耳朵后来治好了，这个时候他才发现，自己仍然面临着许多问题，他仍然抑郁，仍然自闭……最后，他明白耳朵问题不过是一只替罪羊，成长是需要勇气的，但他缺乏成长的勇气。于是，耳朵问题成了他给自己找的一个偷懒的天然理由。等耳朵好了，他只不过少了一个生理缺陷，但其他的问题依旧没有解决。

有些男孩会把个子矮当作替罪羊，于是拒绝成长；有些女孩会把相貌丑当作替罪羊，于是拒绝成长。他们把一切问题都归罪到自己的某个缺陷上去，经常会幻想"如果……一切 OK"。

但是，一些个子同样矮的男孩、相貌同样丑的女孩非常有勇气地去生活，并活得非常成功。一些高大帅气的男孩和一些美貌的女孩却同样找到了各种各样的替罪羊而拒绝成长。

你最在乎自己的什么缺陷？好好思考一下，它有没有成为你的替罪羊？

心灵成长书吧：《克服焦虑》

作者：维雷娜 · 卡斯特

启迪性：5.0 分　易读性：4.5 分　趣味性：4.0 分　推荐度：5.0 分

推荐理由：

如果这本书的书名是《消除焦虑》，那么我给它的推荐度将是 0 分。

因为，作为人类最基本的情绪，焦虑有它自己的特殊意义。当我们感受到局限的时候，焦虑就会产生。这时，我们可以通过焦虑，发现人生的局限性，然后或者绕过它，或者化解它，或者超越它……

相反，一旦我们消灭了焦虑，也就毁掉了这样的机会。

然而，因为焦虑会令我们难受，所以我们很容易做一些工作，令自己尽可能远离焦虑。

譬如，为了逃避焦虑，一个男子可能会做出“反恐惧行为”。面临一些挑战的时候，他势必会焦虑。焦虑令他难受，于是他对自己说，绝对不能软弱。最终，这个男子会成为一个看似极其大无畏的男子汉，无论什么场合都表现得丝毫没有畏惧和软弱。也就是说，他看上去没有丝毫的恐惧了。

这样的男子容易令人崇拜，但维雷娜·卡斯特会警告你，不要靠近这样的男人。因为，他们的“英勇”缺乏宽容，他们绝对不能容忍自己的软弱，同时也绝对不能容忍别人的脆弱，当看到你胆怯、害羞时，他们会给予你无情的嘲讽。

这时，他们看似是不能容忍别人的胆怯，但实际上，他们是惧怕别人的软弱会唤醒他们胆怯的一面。

这就导致了一些有趣的事情发生。一个飞行员滔滔不绝地讲述他在战争中轰炸了什么目标、逃脱了哪些险境。他讲述时的神情令人觉得他英勇无比，什么都不怕。然而，一天，他在罗马的街头被人偷了钱包，之后一下子患上了街道恐惧症，几个月都不敢上街。

反恐惧行为的代表人物是希特勒。希特勒小时候，他的老爸就一边暴打他一边嘲笑他的弱小和无能。结果，希特勒变成了一个不怕疼不怕死的男人，他彻底屏蔽掉自己弱小的一面，坚信只有强者才有资格生存。这种逻辑最终演变成极端的种族主义：只有“优秀民族”才能生存，只有“优秀的男女”才最有资格繁衍后代。

假若希特勒接受的父爱多一些，能够接受自己的脆弱所带来的焦虑，那么他就有很大可能不会成为战争狂人。

希特勒之所以能驾驭当时的德国，也是因为德国仿佛正任人宰割，这令德国人陷入了严重的焦虑中。这时，像希特勒这样的人物能用绝对的教条主义消除他们的焦虑。

当时德国人的这种心态，其实也体现在我们生活的每一个角落。现在，到处都是健康饮食的各种建议，但这些东西读得越多，你越容易发现，它们好像根本不可信，因为你把它们综合到一起就会看到，这些建议一定会相互矛盾。

其实，这些建议可能只是迎合了我们对绝对安全的渴望而已。我们知道，绝对安全不可能，但还是愿意看这些建议，因为它们减少了我们对“绝对安全不可能”所产生的焦虑。

逃避焦虑会导致许多问题，像比较常见的强迫症、恐惧症等心理疾病，都属于焦虑障碍这一大类。

关于焦虑和焦虑障碍的书非常多，但维雷娜·卡斯特这本书尤其值得郑重推荐，因为这本书是从关系的角度去诠释焦虑的，而且诠释得非常精妙。

这里的关系，也即我们童年与父母等最重要的亲人的亲密关系，以及我们现在与情侣、孩子等最重要的亲人的亲密关系。

影响关系的要素有两点：爱与自由。爱，令关系更近；自由，则令关系保持距离。这两点相互矛盾，而问题也就在这里——只有距离合适的关系才令我们满意，太远或太近的关系都会令我们焦虑。

与最重要的亲人分离，会导致分离焦虑。3岁前的孩子，如果与父母频频严重分离，那么这个孩子的心灵上会刻下很深的烙印，令他一直陷于深深的不安全感之中。

如果父母与孩子的关系只有一个维度就好了，那样父母就可以拼命地去爱孩子，和孩子紧紧黏在一起，令他绝对没有一点儿分离焦虑。

焦虑的核心是关系

但问题麻烦就麻烦在这里，如果父母与孩子黏得太紧，孩子也会产生分离攻击。也就是说，他想攻击父母，以便与父母产生适度的分离，从而给自己留下足够的独立空间。不过，假若父母喜欢黏孩子，那么这个孩子的分离攻击一定会被严重压抑，因为这样的父母会用各种办法对孩子表示，这是爱，你不应该生气，否则就不是好孩子。

童年时产生过太多的分离焦虑，会令一个人产生严重的心理问题，让他难以信任别人。然而，童年时的分离需要如果被严重压抑，那么这个孩子也会产生严重的问题，他学不会捍卫自己的心理疆界，也学不会适度地表达攻击性。

这就是焦虑的两个关键内容：为得不到爱而焦虑；为得不到自由而焦虑。其他的焦虑形式，只是这两个内容的延伸而已。

譬如，考试焦虑基本上都属于前者，是学生担心考了差成绩而得不到父母的爱与认可；强迫症和恐惧症，多是分离攻击被严重压抑。

由此，维雷娜·卡斯特这本书看似是在写焦虑，其实是在写亲密关系。如果你正在为某种亲密关系而头疼，那么我强烈建议你好好读一下这本书。

这本书的最后一部分，专门探讨了关于焦虑的梦。

白天，或许你成功地消灭了焦虑，譬如，你动用反恐惧主义的心理机制，成为一个绝对英勇的人。然而，这种消灭，其实不过是把焦虑压抑到潜意识中而已。那么，晚上，焦虑一定会更频繁地出现在梦中袭击你。

如果你在梦中频频被焦虑袭击，那么这也是一本必读的书。

按照存在主义哲学的看法，只要你渴望触及人类、社会乃至世界的真相，那么你会一直焦虑下去。因为，不管成长到哪一层次，你一定会发现新的局限性，这时焦虑就势必会产生。所以，许多哲人越深入这个世界，就越明白自己无知。从这一点而言，焦虑是推动我们认识世界的动力。

同时，从这一点而言，麻木也有它的道理。因为，永远焦虑的滋味的确不好受，所以许许多多的人宁愿变成一个简单的人，恪守着一些最简单的道理，从而获得梦寐以求的安宁。

这是一种生活态度，但相对而言，我更喜欢维雷娜·卡斯特在这本书中所宣扬的态度：

关键是要摒弃那种不惜一切代价抵制焦虑的信念，因为这一种信念无异于宣称我们没有受到任何威胁，或不想受到任何威胁。但如果我们承认受到了威胁，就能使拯救的手段得到发展。

CHAPTER 2 悲伤是完结悲剧的力量

*

任何真切而纯粹的情绪、感受和体验都是大自然的馈赠。假若你学会敏锐捕捉并坦然接受它们，那么你就会获得不可思议的成长。所以说，真纯的情绪、感受和体验都是“心灵的兵器”。

一个人在原生家庭中的关系决定了这个人的心理健康程度。这是临床心理学的一个基本理论，用我的话概括来说就是：问题，在关系中产生。

不过，总会有例外，我们总能见到一些特殊的人，他们的童年非常非常悲惨，但他们却拥有很健康的心灵。

悲伤是完结悲剧的力量

她的拯救者：一次最深的悲伤

在广州建设六马路上开着一个时尚小店的24岁女孩Z就是一个例外。她是成都人，两三岁时，妈妈与爸爸离婚，从此失去联系，一直到现在都不知所终。她爸爸是个花花公子，对女人很殷勤，情人不断，但对女儿一直缺乏关照。

爷爷奶奶对她不错。但是，她5岁时，奶奶去世；6岁时，爷爷去世。其他的亲人中，姑姑对她很好，当爸爸把钱花在情人身上而忘了她的学杂费时，都是姑姑帮她垫上的。

这是很糟糕的童年，这种条件下的孩子，一般会有种种心理问题。

幼小的Z也不例外，她特别在乎别人对她的评价，特别惧怕被亲友、同学和同龄的孩子疏远甚至伤害。为了讨好别人——尤其是同学，她用过各种各样的方法，但是，没有一个同学喜欢她，大家总是嘲笑她，嘲笑她穷，嘲笑她的衣服有多难看。

这样的事情经常发生，她终于承受不住了。小学四年级的时候，她想到了自杀。她接连想了好几天，问自己为什么要活着。

最后，一个人的时候，她拿出一张纸，这边写“活着的理由”，那边写“死去的理由”。这边只有寥寥几个，那边则是长长的一列。

写完之后，看着这张纸，她感到无比悲伤，于是哭起来，开始是啜泣，但慢慢变成了号啕大哭。以前她也哭过不少次，但没有哪一次如此伤心。

她哭了好久好久，仿佛都没了时间的概念。但哭到最伤心的时候，她内心深处突然蹦出一个声音对她说：“你很惨，非常惨，但你有力量好好活下去！”

她计划明年去巴黎学设计

这句话救了她。

本来，当看到“活着的理由”如此之少，而“死去的理由”如此之多时，她已决意自杀，但内心深处突然蹦出的这句话给了她意想不到的力量，让她有了继续活下去的勇气。

不仅如此，这句话还极大地改变了她。她不再关注别人对她的评价，也不再惧怕别人对她的拒绝和嘲讽。并且，奇怪的是，自从好好哭了这一场后，好像也很少有人再肆意地奚落她了。

她的性格越来越开朗，渐渐有了朋友，先是一个、两个……到了初中后，她已有了许多朋友，有人还成了她的粉丝，有男孩开始给她写情书。

她的人生构想也越来越清晰，职高时就开始打工，做过酒店服务员、啤酒女郎和酒吧歌手等。2000 年职高毕业时，她已攒下几千元，但把多数钱留给了花花公子爸爸，自己拿着几百元来到广州“闯世界”。

来广州后，她做过化妆品推销员、杂志业务员等工作。她最近辞去了所有工作，自己经营一家时尚服装小店，并在广西南宁开了一家分店。

目前，她最大的梦想是去法国学服装设计，已准备好了学费和生活费，计划明年去巴黎。

我刚来广州时就认识了 Z，她让我印象最深的一次是 2002 年圣诞节，她邀请我去她家里过节。我以为就是几个人的小聚会，没想到是一个很盛大的节目，最后到了 28 个人，硕士、公务员、律师……形形色色的人都有，而她作为一个职高毕业生，却没有丝毫的自卑。

我把 Z 的故事给我的许多学心理学的同学和朋友讲过，大家一致承认：她是心理学上的一个“例外”，那么悲惨的童年居然没有阻挡她成长为一个心灵健康的女孩，实在是令人惊讶。那么，这个“例外”是怎样发生的呢？

以后我只为自己跳舞

关键的答案就是那一次悲伤，那次悲伤令她接受了自己的人生真相——“你很惨，非常惨”。

妈妈离开她、爸爸不关爱她、爷爷奶奶去世、老师和同学经常奚落她等，都是“非常惨”的事实，这些事实一旦发生，就永远不可能更改了。

但是，我们经常和“永远不可能更改”的悲剧较劲，这是我们产生心理问题的核心原因。

其实，人生的悲剧本身并不一定会导致心理问题，它之所以最后令我们陷入困境，是因为我们想否认自己人生的悲剧性。你很惨，没人爱你，这种事实太难以承受了，于是你骗自己，对自己也对别人说，你很好，你很幸福，其实有很多人爱你。这种自我欺骗的方式暂时会令自己好受一些，但它最终在我们的精神中竖了一堵墙，将我们的心与人生真相隔离开来，而我们的心也越来越缺乏营养，最终这颗心不敢碰触的人生真相也越来越多，所谓的心理疾病也由此而生。

Z 四年级之前正是如此，她拒绝承认很少有人爱她的人生真相，于是她神经质地极其在乎别人的评价，无比渴望得到亲友、同学和老师的关爱。爸爸妈妈没有给她的，她渴望从别人那里得到。但没有人愿承担这种重量，于是大家对她的索取都有些抵触。她的一个表哥说，小时候的 Z 尽管看上去很乖巧，但他觉得她心中总有一股强烈的怨气，这让他和亲友都有些不喜欢她。

但通过那次畅快的哭泣，她最终承认了这一人生真相，她不再和这个人生真相较劲，不再把力气花在刻意迎合别人的努力上。

这是很关键的一点。Z 说，如果说那次哭泣前后有什么最大的改变，就是：“以前我围着别人转，总渴求别人给我什么；以后我把注意力放到自己身上，只为自己跳舞。”

Z 说，当她第一次读到网络小说《第一次亲密接触》的女主人公“轻舞飞扬”的个人独白时，惊异不已，觉得那段话仿佛是为那次哭泣后的自己而写的：

我轻轻地舞着，在拥挤的人群之中。你投射过来异样的眼神，诧异也好，欣赏也罢，并不曾使我的舞步凌乱。因为令我飞扬的，不是你注视的目光，而是我年轻的心。

只是，要把那句“我年轻的心”改成“我自己的心”。Z说，以前，她对别人战战兢兢，特别想赢得别人的认可，结果赢得的却是冷落和嘲讽。后来，她不再关注别人，不再渴求别人的认可，只是“为自己跳舞”，但人们反而走过来，和她一起跳舞。

这是常见的人生悖论。不过，这一悖论并非是什么人性的劣根性，而是Z自己的心境已发生了翻天覆地的变化。

这变化就是前面提到的那一点：她接受了自己人生的悲剧性。套用鲁迅的名言，就是她终于能够“直面惨淡的人生”。

“悲伤是完结悲剧的力量”

当“直面惨淡的人生”时，会产生什么情绪呢？毫无疑问，就是悲伤！

悲伤，是非常令人难受的情绪。我们普遍抵触悲伤。前两天，一个读者打电话给我说，她现在的生活令她非常难过，但她的方法是强颜欢笑，给别人的印象是她一切都很好。

但是，当你抵触悲伤时，你的心也就远离了你悲惨的人生真相。不过，这只是远离，并不是消失。悲惨的人生真相永远不会因为我们做一些主观努力就从我们的世界中消失，并不再对我们的心灵产生消极的影响。

甚至恰恰相反，你越想否认一些悲惨的事实，这些悲惨的事实对你的消极影响也就越大。譬如Z，当她想否认没有亲人爱她的事实时，她要做的事情就是尽力争取别人对她的认可和爱，但这令她更加受伤。

但是，当她那次彻底地沉入悲伤中时，她却平生第一次拥抱了自己悲惨的人生真相，那么沉重的人生真相显然并未摧毁她，相反却给了她活下去的力量。

Z 并非特例，而是一种最普遍的心理机制。无数的心理治疗师都发现，悲伤的过程是告别不幸的过去的必经之路。若想帮助来访者从不幸的过去中走出来，就必须帮他完成一个悲伤的过程。

并且，必须是那种真切而纯粹的悲伤，不是来访者为了赢得心理治疗师的认同而表演出来的悲伤，而仅仅是直面自己的不幸时产生的自然而然的难过。

当我们陷入这种真切而纯粹的悲伤时，必然会泪如泉涌，而这泪水就宛如心灵的洪水，会冲垮我们在自己心中建立的各种各样的墙，最终让我们的内心成为一个和谐的整体。

以前，你拒绝悲伤，也拒绝直面自己悲惨的人生真相。你巨大的心理能量都花在了否认真相、与真相较劲上。

现在，随着心灵之墙一一倒塌，你坦然接受了悲惨的人生真相，你不再去否认，也不再去和这注定不可能改变的事实较劲。当你做到这一点时，你的心理能量就获得了解放，它们以前被你投注到外界的人和物上，但现在，这能量回到了你自己身上……

这正是 Z 当时的心理过程，当她承认“你很惨，非常惨”之后，她立即感受到了这力量，于是对自己说：“你有力量好好活下去！”

最真纯的悲伤过程必然有这样的结果。因此，广州朴实管理咨询有限公司的咨询师舒俊琳感叹说：“悲伤是完结悲剧的力量！”

悲伤所完结的，是人生悲惨的真相。当然，这真相永远不会消失，但经由悲伤之路，我们的心灵从这真相的悲剧中获得了解放。甚至，这真相的悲剧性还会成为我们心灵的养料，促进我们成长。

“死而复生”成了她的“悲伤后遗症”

其实，所有的情绪、感受和体验都有这种力量。任何情绪、感受和体验都是天然产生的，它们都在告诉我们一些信息，在指引我们走向好的成长之路。

我们须切记：我们的力量不在于我们看上去有多快乐，而在于我们的心离我们的人生真相有多近。

关于悲伤，我喜欢美国心理学家托马斯·摩尔的话：

悲伤把你的注意力从积极的生活中转移开，聚焦于生活中最重要的事情。当你损失惨重或处于极度悲痛的时候，你会想到对你最重要的人，而不是个人的成功；是人生的深层规划，而不是令人精力涣散的小玩意儿以及娱乐项目。

相信许多人有这种体验：一场大病、一场灾难或一场意外的死亡，改变了我们的人生态度，使得我们明白什么是人生中真正重要的。这也是悲惨的人生真相给我们的馈赠。

一系列的人生悲剧，既可以令一个人变成祥林嫂，只是喋喋不休地向别人重复诉说自己的苦难，以赢取别人的同情，也可以令一个人变成贝多芬，紧紧扼住命运的咽喉，唱响自己生命的最强音。

不过，我们也须警惕另一种倾向：命运的强迫性重复。

譬如Z，那次悲伤令她形成了“置之死地而后生”的人生哲学。结果，生活一旦平静下来，她就会觉得自己需要重新来一次“置于死地”。她深信那会极大地激发她的生命能量，把路断掉，会更有生机！

所以，2004年，当装着700元的背包——那是她当时的所有财产——被一个疾驶而过的摩托车上的歹徒抢走后，她居然没有任何惶恐、愤怒和惧怕，反倒有了如释重负的感受。

她对自己说："你瞧，你整天算计来算计去，考虑怎么花那么点钱。现在钱没了，不用再算计了吧。好了，你该拼命了！"结果，她找到一份新工作，在一家杂志社做广告业务员，一年多的时间就挣够了去巴黎的钱。

这当然是一次"置之死地而后生"。

今年，她忍不住又玩了一次这样的游戏。她辞去了广告业务员的工作，理由是"要专心经营她的时尚服装小店"。但我分明感到，那其实是源自她内心"置之死地而后生"的人生哲学的呼唤。她承认了，辞职时，她的确对自己说过："把路断掉，会更有生机！"

这就是人生的复杂性。

那次真纯的悲伤，赠予她力量，但另一方面，也在她心中埋下了这种渴求动荡的人生哲学。

虽然，现在她明白了自己是怎么回事，但我想，她或许还要好多年才能放下这种危险的人生哲学，领略到幸福生活的平凡之美。

最纯的悲伤宛如天籁之音

读研究生时，我们几个同学组成了一个心理学习小组，每星期聚一次，轮流讲自己的体验和故事。

那时，我们的心灵都披着厚厚的盔甲，总为自己的故事涂脂抹粉，那些故事也因此失去了力量。大约半年时间，听了许多故事，但我没有一次被打动过，直到那一次。

当时，我的一个女同学讲了一件她的伤心事：

一天晚上，一个长途电话从美国打来说，她高中班上最有才华的男同学在美国五大湖上划船游览时遭遇晴天霹雳，同一条小船上的其他人安然无恙，只有他当场身亡。

她是在北大校园的一个电话亭接的电话，那边话刚落下，她的眼泪就唰唰地流下来。接下来，她忘记还说了什么，也不知道是怎样回的宿舍。

在小组中讲这个故事的时候，那种感觉再一次袭来，她再次失声痛哭。

我们被深深地打动了，大家陪着她一同落泪，我也不例外。只是，在难过之后，我还有了一种特殊的感觉：我仿佛听到了天籁之音。

等平静下来后，我讲述了这种感受，并解释说：你讲得那么单纯，没有掺杂一丁点儿杂质，是我感受过的最纯净的悲伤。所以，我觉得那是来自天堂里的音乐。

我描述这感受时，曾担心她会不会觉得被冒犯，因为那么悲惨的事情我居然有了享受的感觉。但她说，她没有被冒犯的感觉，相反觉得我的这种形容让她很舒服。

后来，我明白这种不掺杂质的悲伤是告别悲惨往事的最佳途径，甚至可以说是唯一的途径。从这个意义上讲，真纯的悲伤的确是天籁之音。

每一次磨难都是生命的财富

我们都需要催化剂，来激活和开启我们自身由于种种原因而关闭的部分。

——美国心理学家弗兰克·卡德勒《重建自我：从阴影走向光明》

几年前，我被困在北极圈内巴芬岛的一个客栈，与世隔绝，白雪茫茫……这样的环境会让人迷失，让人想到死。听说已有6个当地人自杀了，我也起了这样的念头。

被困的第八天，起床后，我的第一个念头是“今天是一个去死的好日子”。我穿上厚厚的夹克和皮靴，出了客栈。在这里，死很容易，只需要走出去，在雪地里躺下来就可以了。

冰冷的寒风在呼啸，但我却产生了一种寂静感。每走一步我都意识到自己的脚步声越来越响，我能听到每次我的脚落在雪白的地面踩碎雪屑的声音。我开始倾听这寂静，听得越多，就越深地进入我自身。我意识到我其实是在听自己的思想，这是非常独特的对话，对话的主题是关于选择和我是否应该继续留在地球上……最后，我走回了客栈。

我不想讲述最后的细节，那些特别个人化的体验，我认为不需要分享。我讲述这个故事的目的是想传达这样一个信息：我们都需要催化剂，来激活和开启我们自身由于种种原因而关闭的部分，在北极地区的暴风雪里滞留了10多天的经历当然是我的催化剂。

在整个生命历程中，在北极的这次经历，对于60岁的弗兰克·卡德勒来说，算不上是最大的苦难。

在广州晴朗天心理咨询中心，这个扎着马尾辫的酷老头对记者说，他一生中曾4次遭遇生命危险。第一次是3岁时，父亲开着拖拉机在倒车时碾过他的身体，另外3次也都是车祸，而且每次弗兰克都碰巧坐在前排。

除了北极历险记，弗兰克也没有将癌症算进“生命危险”。10年前，医生检查出他的癌症到了晚期，最多活不过一年，但现在，弗兰克已多活了9年了。“是的，我多活了9年了，”弗兰克微笑着说，“并且，我现在觉得我的身体是自出生以来最棒的。”

在心理学界，弗兰克是一个传奇。近30年来，被称为“国际心理学家”的他去过60多个国家，在39个国家举办过各种各样的工作坊，而祖国——美国仿佛成了异乡。

相对于这一点，更传奇的是弗兰克的经历。他的家庭，从心理学角度看，是最糟糕的家庭类型之一。他一生中也遭遇过种种磨难，但每一次磨难最后都化为生命的财富，让他成为更强有力的人。

“是的，每一次磨难都是我的催化剂。”弗兰克说。

家庭“遗传”：最常见的磨难

“生命中最不幸的一个事实是，我们所遭遇的第一个重大磨难多来自家庭。”弗兰克说，“并且，这种磨难是可以遗传的。”

特迪是弗兰克在华盛顿大学学心理学时帮助过的一个男孩。10岁的特迪无法集中精力学习，他整天都沉浸在各种各样的白日梦里。这是逃避，因为他的生活实在太不幸了。

特迪的父亲是个酒鬼，喝醉后会一整天一整天地毒打特迪，他还曾让特迪和狗一起睡。父亲还常带妓女回家，也会毒打妻子。最后，在社会服务部门的干预下，特迪总算逃出了这个地狱般的家庭。之后，几个家庭都试过收养特迪，但他除了做白日梦和学习困难外，还有更严重的撒谎和偷窃的陋习，这些家庭最后都放弃了他。

之所以如此，是因为特迪尽管逃出了现实的地狱，却逃不出“记忆的地狱”。父亲对他的毒打、他的痛苦以及仇恨，他都无法忘记。他做白日梦、撒谎都是为了逃避他小小年纪就生活在地狱的这个真相。他偷窃，是为了取回自己被剥夺的东西。生活经验没有告诉他，他能通过正常的途径得到他想要的。

父亲伤害特迪，是因为他原先也受过伤。特迪的祖父也是一个打孩子的变态酒鬼，他虐待并毒打儿子，特迪的父亲想忘记这个真相，为了做到这一点，他小时候一样爱做白日梦，长大了则酗酒。进入醉酒状态后，他心中的仇恨失去了控制，最后将这个仇恨投射到妻子和儿子身上。

这是暴力的遗传，我们不难见到一些家族一直在延续这个毁灭性的循环。

愿望的接力

愿望的接力也是最常见的家庭磨难之一。祖父有梦想 A，没有实现，他将梦想 A 强加在孩子头上；父亲有梦想 B，但因为被祖父强加了梦想 A，梦想 B 没有实现。于是，他将梦想 B 强加到自己的孩子头上。

斯科特一家就在玩愿望的接力。斯科特以最优异的成绩从美国最好的法律院校毕业。但拿到学位的当天，他乘飞机去了西班牙，从此再也没有回过家。父亲梦想他做律师，但他以极端的方式侮辱父亲——在西班牙的一个岛上以贩卖毒品为生。

之前，斯科特一直是个乖儿子，父亲付钱让他读最好的私立中学和法律院校，他的成绩也从来没让父亲失望。只是到了最后，斯科特再也不想接受父亲强加给他的愿望了。

其实，除了学业方向，父亲在其他方面也不尊重斯科特的意愿。斯科特喜欢动物和植物，但父亲认为这是“娘娘腔的爱好”，拒绝让他在家里养动植物。现在，斯科特可以圆自己童年被压下去的这些梦，他自己住宅的阳台上种满了植物，里面还有 7 只宠物龟。

这是家族悲剧，他的父亲没尊重斯科特的愿望，是因为他没有学会尊重。做律师是他的愿望，但斯科特的祖父不让他走这条路，而强迫他接手了家族生意。

斯科特的父亲将童年时的梦强加给斯科特，而斯科特现在开始追逐自己的梦。无法无天是对父亲的挑战，疯狂地养小动物小植物是实现童年的梦。他还在打造一艘船，梦想去环游世界——这也是他的一个梦。只是，不幸的是，斯科特现在已经 40 多岁了，他本来应该有成熟的成人生活，但他还沉浸在童年不成熟的梦中。

16 岁时的父子“战争”拯救了弗兰克

特迪和斯科特的故事并不特殊，弗兰克在全球 39 个国家办过工作坊，每一个工作坊里都有人激动地说，如果有一个再生的机会，他们宁愿选择另一个家庭去生活。“我自己也这么对自己说过。”弗兰克说。

弗兰克的母亲喜欢沉默，但一说起话来就无法停止。小弗兰克从不知道她下一步会说什么、会做什么，这让他一直很焦虑，直到 16 岁还有咬指甲的习惯。弗兰克的父亲和继父更糟糕，而继父尤其糟糕。小弗兰克做错了事，继父会惩罚他；当继父喝醉时，不管小弗兰克是对还是错，继父都会打他一顿。一旦继父认为什么是对的，就不会改变看法。

继父高大而强壮，小弗兰克很怕他。他说“跳”，弗兰克就跳；他说“安静”，弗兰克就噤若寒蝉。多数时候，他不用说什么，只需要看一眼，就会让弗兰克发抖。

但 16 岁时，弗兰克忍不住和继父狠狠打了一架，“这成了我生命的转折点”。

当时，继父和母亲一直在吵架，接连吵了快 3 个月。有一天，他们还打了起来。之后，继父去喝酒了，回来时父子俩相遇。弗兰克盯着继父的眼睛问：“你们到底还想闹多久？”

听了这句话，继父勃然大怒，他咆哮着，伸出双手狠狠地掐住弗兰克的脖子。“我感觉到窒息。”弗兰克回忆说，“继父的块头是我的 4 倍，但求生的本能激发了我的力量，我拼命反抗。”

最后，继父被弗兰克打翻在地。倒地的那一刻，弗兰克看到，继父的眼神看起来迷茫而无助，“像是一个无助的小男孩”。

本来，弗兰克还想冲上去踢打继父，但这个眼神让他放弃了这个冲动。“那一瞬间，仿佛有一种谅解产生。”弗兰克说，“很多美好的回忆一下子涌进我的脑海，他不是一直对我那么坏，我们还有过不少美好的回忆。我明白，他其实是一个好人，只是生活毒害了他。”

弗兰克伸手去拉继父，但继父拒绝了他，自己爬起来，一拳打在弗兰克的颧骨上。血流了下来，弗兰克没有还手，而继父也没有继续打下去。

“从此以后，我们的关系改变了。”弗兰克说，“我不再怕他，他在我眼里只是一个有着庞大身躯的、受过伤的小男孩。而他也开始尊重我。”

这种尊重并不是因为弗兰克的力量，而是弗兰克帮继父实现了愿望。弗兰克继父的父亲就是个“暴君”，而继父也曾像弗兰克一样挨打，不敢说什么，也不敢反击。但弗兰克反击了，继父钦佩他的勇气，他小时候也想过反击，只是一直不敢。

四个常见的家教“磨难”

弗兰克认为，教育，尤其是家庭教育常出现以下 4 种错误，它们导致我们出现分裂状态，他称之为 4 个分离。

第一个分离：否定自然。譬如，有的女孩第一次出现月经时，她的母亲会告诉她，这是肮脏的。

第二个分离：否定自我。父母只想“塑造”孩子，而无视孩子自己的兴趣、爱好、意愿和独立人格。

第三个分离：否定生命。不少父母在指责孩子时会说，“你怎么这么没用”“还不如不生你出来”……

第四个分离：否定领导力。父母要孩子听话，做乖孩子，却忽视了他自身的意志，这一点在女孩子身上尤其明显，结果，多数孩子长大以后就丧失了领导力。

越逃避，阴影越重；越勇敢，阴影越轻

在很多糟糕的家庭中，都可以看到种种毁灭性的循环。但是，我们不必因此去埋怨父辈或祖父辈，因为这个历史的传承不会因为抱怨而消失。并且，当你抱怨的时候，你必定会是这个恶性循环的参与者。

“要打破这个循环，我们就必须从自己开始。”弗兰克说，“逃避或抱怨无济于事，那样阴影就依然是阴影。要么，我们因为它而变成一个同样可恶的人；要么，我们因为彻底压抑了这些阴影而丧失了一部分的自我，从而变得虚弱。”

像特迪的父亲，他试图用做白日梦、酗酒这些方式来逃避阴影，但结果只是变成和特迪的祖父一样暴虐的人。至于像那些在工作坊中表达过想换个

家庭重新生活的意愿的人，在经过弗兰克的培训后，他们都重新认识到，这是我们每个人的一种使命：

作为一个人，我们必须深入地探讨自己经历过的所有事件以及教训，只有在这个深度上我们才能发现真实的自己，找到自己的决策能力。发生过什么并不重要，重要的是我们怎么去处理。无论我们出生、成长在什么样的家庭里，我们都要从中学到经验与教训，并学会如何最大限度地利用它们，这才是最重要的。

阴影和光明一样，都是我们的生命。如果逃避，我们就损失了一部分自我和力量。如果面对并整合阴影，阴影就会变成我们的人生财富。

“你不能逃避事实。”他强调说，“你能做到的，就是从你自己开始，将你自己的苦难转化为你的催化剂。”

弗兰克说，他的理论受到了中国阴阳论的影响。人生必然一方面是阴影，另一方面是光明。并且，阴极就是阳，阳极就是阴，阴阳对立而统一。但是，在生活中，我们惧怕阴影。当我们这样做时，阴影并不会消失，它反而会潜伏在我们的潜意识里，与我们作对。这就仿佛是我们自己的一部分丢失了，不仅丢失了，它甚至还与我们作对。

弗兰克说：“我们试图忘记自己曾遭受的伤害，但忘记越多，我们失去的就越多。作为一个人，我们就越不完整。阴影是我们自己的一部分。我们的天赋就沉睡在阴影里，当我们发现它、接受它之后，我们的生命就会苏醒，我们就会从阴影走向光明。”

“生活是我们的老师。”弗兰克强调说，“痛苦尤其是我们的老师。”

北极的生死边缘和16岁的父子战争看似没有直接联系，但弗兰克说，它们是一样的，“我直面阴影，看到了阴影就是光明。我接受了阴影，并由此获取了力量，在每次磨难中我都有这样的过程”。

“重做自己的父母”，化解童年留下的磨难

如果童年的磨难太重，化解并不容易做到。为此，弗兰克提出了自己的治疗方法：“重做（自己的）父母”，即在工作坊中让当事人扮演父母的角色，和“内心的小孩”沟通，以化解被伤害感。

“内心的小孩”的意思是，尽管我们长大了，但我们的心中仍藏着一个小孩。如果这个小孩受过太多伤害，他仍然会受十几年前甚至几十年前的体验的指挥，从而去做一些糟糕的事情。

这样做的目标是消除“内心的小孩”的被伤害感，并赋予他成人的力量，不仅要化解他自己的阴影，也要帮助他成为好父母，打断家族的恶性循环。要做到这一点，我们首先要与“内心的小孩”进行交流，改变我们这个成人与这个小孩的关系。我们不再斥责他无能，不再斥责他为什么缺乏与糟糕的父母对抗的勇气……而是理解并接受他。

在治疗中，弗兰克会向当事人强调：

1. 我们有真实的小孩，我们自己也是小孩。我们会将自己的欲望投射到自己孩子的头上。我们过度保护孩子，是因为我们觉得自己需要保护；我们溺爱孩子，是因为我们渴望溺爱；我们暴打孩子，是因为我们自己被暴打过……

2. 孩子是孩子，成人是成人。我们经常忘记这个区别，急着让孩子长大，对他们提出本来只对成人提出的要求。

3. 小孩依然像我们曾经的那样去看待世界。我们是孩子时，如果受过很深的伤害，我们会因无法承受而把它封闭起来并否定它的存在。但是，除非直面这次伤害并化解它，否则它会经常把我们拉回那种状态，让我们依然以那个时候的心态去看待世界。

4. 小孩需要爱和支持，也需要坚定灵活的指导。健康正常的孩子需要有

人告诉他“是”或者“不”，“内心的小孩”也是如此。如果他没有得到过健康灵活的指导，我们就需要为他“重做父母”，来化解他所受的伤害，告诉他“是”或“不”。

5．小孩希望和我们一起工作，他想控制我们，不要给他太多的责任。“内心的小孩”还带着自己十几年甚至几十年前的经验，希望尽可能地使用它们，我们既要接受他，也不能被他控制。

6．小孩既可以是创造性的，也可以是毁灭性的。深深地伤害一个孩子是一种毁灭性的行为，许多儿时被严重虐待的人，成年后经常会有自虐或虐待他人的行为。治疗需要很长时间，但一旦治愈，成人就获得了新生。一旦我们学会了“重做自己的父母”，我们就选择了一条更少毁灭性、更多创造性的道路。

7．学会原谅。当“内心的小孩”做出毁灭性行为时，要学会宽恕他，宽恕他就是宽恕自己，宽恕会使以前被禁锢的力量得到释放，并且会让“内心的小孩”与我们的关系更好、更牢固。当我们做到这一点时，我们的内心会变得更和谐。

8．原谅他人。不仅要原谅“内心的小孩”，也要原谅曾经制造错误的父母或他人。只有当和解产生之时，家庭的苦难才能真正变成我们获得新生的催化剂。

不过，这一点不能操之过急，一些受到严重虐待的孩子，他要学会的第一步是分清爱与恨。因为实施虐待的父母以“虐待就是爱”这种逻辑混淆了他的爱与恨，让他的情感陷入混乱。对于这样的孩子，他首先要学习恨，清楚地告诉自己，那些实施虐待的父母，并不爱自己。等做到这一步后，再慢慢学习谅解父母。

弗兰克说，他 16 岁将继父打倒的那一瞬间就达成了对继父的谅解，这个谅解对于他将阴影化为力量至关重要。

案例

“我恨你！我恨你！”一个女人冲着坐在她面前扮演她的“内心的小女孩”的女人大喊，并用力捶打枕头……这是发生在弗兰克工作坊里的一幕。

弗兰克请她对站在“小女孩”后面、扮演她父亲（在她3岁的时候就离开她了）的男人说点什么。她这样做了，当她说到从来没有机会问他为何在她那么小的时候就丢下她时，眼泪哗哗地流下来，并放声大哭。然后扮演她父亲的那个人把她紧紧拥在怀里，紧紧地搂住她，她把压抑了25年的泪水哭了出来。

这个女人的问题是，她起先是不爱自己，她一直在重复被父亲伤害的那一幕。最后，她不想生孩子，因为她潜意识中不想让孩子——她“内心的小孩”的现实版——遭遇同样的伤害。她内心受伤的小孩就这样一次又一次导演着这些悲剧，在20多年的生活里没有任何改变。

越控制，越失序

只有当你缺乏理解的时候，才有掌控的必要。如果你已经把事情看得很清楚，自然就不需要掌控了。

——克里希那穆提

小到个人，大至世界，似乎时时刻刻都有失序的事情发生。于是，有些人就会控制欲望生出。个人控制自己，是为了压制一些令自己暂时不能忍受的体验。

譬如，失去了亲人，这时产生的痛苦太大，我们以前的心理结构会被彻底打破，这是极大的失序，我们惧怕，于是极力控制自己。

强人控制社会，有时是为了保护既得利益，但很多时候，他们真是希望“拯救”群体、社会乃至世界。

譬如，南京大学和浙江大学禁止新生带电脑，因为现在的新生一进入大学校园，容易处于失序状态，这种状态很糟糕，而责任感很强的大学管理层要控制这种失序状态的发生。

然而，越控制，越失序。

失去亲人的巨大痛苦，无论自己怎么控制、怎么压制、怎么否认，它都不会消失。相反，它会沉入到潜意识深处，成为我们的意识无法碰触的黑影，这个黑影与我们的意识处于分裂状态，并常导致一些可怕的、彻底失去控制的事情发生。

对个人而言，其实我们有太多的事情控制不了——很可能，我们什么都控制不了。

一个女孩脸红，她觉得很不好，于是想控制自己不脸红。但这样努力的结果是，她的脸红越来越严重，她的控制欲望也越来越强，最终成为所谓的“脸红恐惧症”。

“二战”时，一个美军飞行员骁勇善战，击落无数敌机，他也极像一个钢铁般不知疼痛、不懂畏惧的男子汉。“二战”后，他去意大利旅行，在街头被偷了钱包，这一件小事居然令这个钢铁般的男人惊恐万分。

原来，他以前的那种不知畏惧只是一种控制，他其实很胆怯，但他惧怕这种胆怯，他想压制住这个胆怯，于是表现得无比勇敢。他越胆怯，就表现得越不知畏惧，但被偷钱包这件事打破了他的控制感，他随即陷入瘫痪状态。

瘫痪就是彻底的失序。

一个家庭也是如此。

控制欲望强的父母，先是担心一些小的失序。比如，担心孩子吃不够，于是孩子不想吃了还强喂他；担心孩子冻着，于是孩子不冷还给他强加衣服；担心孩子上学迟到，于是每天都盯着孩子；担心孩子学坏，于是孩子抽一下烟、喝一点儿酒、和“坏孩子”们说一句话、穿一件打洞的牛仔裤……他们就会暴跳如雷。

总之，在这样的父母看来，孩子的自发行为中有太多可能的失序发生，于是他们努力控制。但最终，他们收获了最大的失序——要么孩子的个人意志被他们的控制欲望杀死，要么孩子叛逆而成为一个他们所惧怕的“坏孩子”。

一个社会也是如此。

乱世中长大的朱元璋小时候失去了太多亲人，这是巨大的失序。可能这个失序造就了他空前的控制欲望，等他登基后，精力无比充沛的他试图给所有人安排一切：他规定所有人应该穿什么衣服、怎么劳动、怎么休息……但最终他的王朝还是陷入巨大的失序，他的儿子朱棣造反，放弃甚至颠覆了他制定的诸多规则。

世界历史中有一个几乎颠扑不破的真理：控制欲望太强的强人们，要么他们亲自制造苦难，要么在他们所谓的盛世后，接着就是巨大的苦难。

一个总是不断诞生强人的社会，必然是一个失序与窒息不断轮回的社会。古代中国秦统一后的历史验证了这一点，俄罗斯的历史也验证了这一点。

有时，回想英国和美国的历史，我总觉得似乎找不出一个光彩夺目的超级英雄来，这是因为，这样的国家一直处于自由而有序的状态，不需要一个控制欲望超级强烈的英雄来“拯救”。

对世界而言，控制欲望是万恶之源。

对个人而言，控制欲望是万病之源。

强人们其实首先想控制自己内心的失序，但他们做不到，于是他们去追求控制别人。他们内心越失序，就越渴望控制更多的人。最终，不管他们意识上的目的是什么，制造的或留下的多是苦难。

印度哲人克里希那穆提问：控制者和被控制者是什么关系？我脸红，我控制脸红。那么，脸红和你是什么关系？

脸红就是我，脸红本来就是我自身的一部分。所以，一旦我试图控制脸红时，就是制造了分裂，脸红和我不再是一体，脸红被我当成了异己，这就是失序的根源，我把本来属于我自己的一部分视为异己，于是它开始对抗我。这是更大的失序，于是我更想控制，而这个异己由此成长得更厉害，最终它成为我极大的苦恼。

再如悲伤，你遇到悲剧，自然会悲伤。这悲伤不是外物、不是异己，而是你自身。在悲伤产生的那一刻，你不是别的，你就是悲伤，悲伤就是你。

然而，你试图消灭悲伤并为此付出巨大的努力，于是悲伤成了异己。你对抗得越厉害，这个悲伤就成为越重要的异己，并最终体现在你的人格上，甚至身体上。

愤怒、恐惧、嫉妒等一切情绪都是同样的。美国心理学家肯·威尔伯的妻子患了乳腺癌而去世，她生前说，她意识到，癌症的根源之一就是被她压制的愤怒等负面情绪。本来，她试图消灭它们，但最终，她与它们一同被消灭。

体验就是我们自身。罗杰斯说，所谓的“自我”就是一切体验的总和。克里希那穆提更看重当下，他说，当你悲伤时，你最值得做的就是和悲伤融为一体。其实，本来就是一体，这一刻，我就是悲伤，悲伤就是我，但我们总以为，除了悲伤外还有一个“我”，这就制造了分裂。

无数人会说，活在当下。但很少有人知道活在当下是什么意思。这个意思就是，当下这一时刻产生的感觉、情绪和情感，就是当下的唯一。如果你这时脑子里还生出了一个“我”的概念，那么，你就是没有活在当下。所谓的“我”，其实就是过去的一切体验的残留。如果你执着于这个“我”，你说“我悲伤”，这时你就和悲伤有了距离，悲伤就不再是治疗性的力量，悲伤就不再是天籁之音，悲伤就似乎成了破坏性的力量。

但是，不是悲伤破坏了“我”，而是“我”破坏了悲伤。

所以说，忧伤、愤怒、焦虑、嫉妒等都不是问题，问题是我们试图消灭它们，我们视它们为失序，我们由此想控制，以为控制的局面就是秩序。其实，真正的秩序是自由，是顺其自然，是活在当下。

这是一个很简单但又似乎很难懂的道理，因为我们太多时候是抱着“我”以及“我”所产生的控制感。

对抗痛苦才是痛苦主源

> 通常，当下所产生的痛苦都是对现状的抗拒，也就是无意识地去抗拒本然（what is）的某种形式。从思维的层面来说，这种抗拒以批判的形式存在；从情绪的层面来说，它又以负面情绪的形式显现。痛苦的程度取决于你对当下的抗拒程度以及对思维的认同程度。
>
> ——摘自德国哲人埃克哈特·托利的著作《当下的力量》

思维与痛苦的关系犹如洋葱

在北京大学读研究生期间，有两年，我陷入严重的抑郁症状态，不仅痛苦，而且还险些导致毕不了业。

这份痛苦如此沉重。对待痛苦，人们通常的办法有三种：麻木、逃跑或对抗。总之，他们会想各种各样的办法去减轻痛苦。

但我没有和这沉重的痛苦对抗，这不是一种有意识的做法，没有人也没有书籍告诉我这样做，我只是很自然而然地做到了这一点：沉入痛苦中，体会它、看着它、理解它……

两年后，抑郁症自然化解了，它并没有消失，而是发酵并转化成了另外的东西。突然间，我感觉自己对感情乃至人性的了解深了很多，似乎一下子什么书都可以看懂了，什么人的故事都可以听懂了。

后来我研究生毕业来到广州，先是做国际新闻编辑，2005 年又转做心理版编辑，到现在积攒了很多类似的体验。我确信，不管一份体验带给我多大的痛苦，只要不做任何抵抗地沉入这份痛苦中，体会它、看着它，那么它最多半个小时后就会融解并转化。

因为我这些体验，也因为从其他人那里知道的远比我更神奇的类似体验，我也会在咨询中这样做。当来访者体验到一种痛苦并试图对抗时，我会说，试着不对抗，试着接受它，并沉入这痛苦中。

我会觉得，“接受”这个词都不足以描绘这种做法，因为“接受”看起来还是一种主动的行为，而任何主动的行为都是在给这份痛苦本身增加一些内容。痛苦来了，只需自然而然地感受它就可以了。

这个办法，有时会有效得可怕，有时却没那么有效。后者之所以会发生，其中一个原因可能是，当看到来访者难以承受一些痛苦时，我也会担心，所以会做一些事情，让来访者感觉舒服一些，暂时适当远离一下这种痛苦。

这也是心理治疗的一个经典做法，即心理医生要根据来访者的接受程度来处理其痛苦，或者说，让来访者自然而然地去展开其痛苦。一般说来，随着来访者与心理医生的关系越来越牢靠、越来越信任、越来越安全，来访者会自然而然地展现更多更大的痛苦。

这就像剥洋葱一样，痛苦只是洋葱的内核，而围绕着这个内核，一个人发展出了复杂的防御方法，也就是对抗这个痛苦的种种办法。但因为在心理医生那里感觉到安全，那些外层的防御方法一个个被放下，最终那个核心的痛苦——即事件发生时所产生的可怕体验——也可以展开了，这时也就有了修复的机会。

不过，有时我总是会幻想，作为一个心理医生，也许可以陪伴来访者直接去面对这个内核。

痛苦与思维，是鸡生蛋还是蛋生鸡?

痛苦究竟是什么?譬如，失去一个亲人，这是痛苦吗?不是。这只是一个事实，围绕着这个事实所产生的体验才可能是痛苦。

之所以说是可能，因为失去一个亲人并不必然带给一个人痛苦。例如古代的哲学家庄子，他在妻子逝世后鼓盆而歌。友人惠施前来吊唁，看到庄子这样做很不满，于是指责他说："你的妻子和你同居，为你抚养子女，如今老死，不哭就罢了，反而鼓盆唱歌，太过分了吧?"

庄子说："不是这样的。她刚死时，我何尝不悲伤?但后来想，起初她没有生命，没有形体，没有气息。而后在若有若无的自然变化中，气息、形体、生命渐渐成形，如今她死亡，就如四季运行般自然。她已安息在大自然的房间中，我却在旁边大哭，这样就显得太不通达自然的命理了。"

不同的看法导致不同的体验。作为一般人，我们若失去一个亲人，会认为是彻底地失去这个亲人，而且还认为死是一件不好的事情，所以不仅会为自己也会为这位亲人悲伤。但是，在庄子看来，死和生一样，都是“如四季运行般”的自然现象，而且他妻子也并非彻底没有了，她反而是“安息在大自然的房间中”，那又何必瞎悲伤呢？

看法和体验之间有着很复杂的关系。通常，我们会不自觉地认为，是事件导致了我们的体验，例如我们会认为，是失去亲人这件事直接导致了痛苦。但很多心理学理论会称，不是事件导致了体验，而是你对事件的看法导致了体验。

那么，看法又是怎样产生的呢？

埃克哈特·托利认为，看法，或者说是思维，是用来对抗体验的。在他的著作《当下的力量》中，他提出了“向思维认同”和“痛苦之身”这两个概念。他说，我们不能承受“痛苦之身”，于是发展出了种种思维，并认为，这些思维就是“我”，也就是将思维等同于自我，最终令我们陷入思维的墙中，而不能活在当下，与当下正在进行的事物建立毫无障碍的关系。

这听起来会有点复杂，简单说来就是，我们用思维来对抗痛苦，最终又爱上思维，这导致了种种问题。

这样看来，思维和痛苦就成了“鸡生蛋，蛋生鸡”的关系了：思维是用来对抗痛苦的，而思维又产生了新的痛苦，新的痛苦又导致新的思维……

这种复杂的关系仍可以用洋葱来比喻。最核心的还是痛苦，围绕着痛苦的第一层对抗性思维就是第一层“洋葱皮”。但你势必会发现，仅仅这一层思维并不能消灭痛苦，于是，你又发展出第二层“洋葱皮”。但这还是不够，于是你又发展出第三层……

不管我们发展出多少层“洋葱皮”，其实都是在使用同一个逻辑——“我不要某些体验”，并因而发展出了种种对抗办法，但如能放下这个逻辑，那我们就可以一层层地破除掉思维的“洋葱皮”，最终就能破除掉最核心的痛苦。

痛苦更大，还是消除痛苦的痛苦更大？

我们若想破除这一层又一层的“洋葱皮”，可以问自己一个很简单的问题：到底是那个原初痛苦更痛苦呢，还是你想消灭这个原初痛苦的努力更令你痛苦？

前两天我去深圳一家公司讲课。课后，一位女士对我说，她爸爸严重痴迷于彩票，请问该怎么办？

她问的“怎么办”显然意思是，有没有办法可以消灭老人家痴迷于彩票这个痛苦。我先问她有没有办法做到这一点，她说试了种种办法，都没效果。因为我课上讲了“接受”的办法，所以她说她和家人也试了“接受”他痴迷于彩票的事实，但还是没有效果。

这显然不是“接受”，因为她说的“接受”中还是藏着一个逻辑：既然我们表现出接受了，爸爸你就应该不那么痴迷于彩票了吧。

总之，她和家人尝试过的种种办法都是试图与他买彩票这件事对抗的，最后全是徒劳无功。

我问她，到底你爸爸痴迷彩票这件事带给你们多少痛苦呢？她说，其实没有多少痛苦，因为爸爸只是痴迷于研究，但每次只花很少的钱买彩票，他们只是觉得这件事不合理而已，同时也担心他太投入这件事了，会影响他的身体——因为很少运动，也会影响他的生活——因为都没时间交朋友了。

我继续问：假若他不玩彩票了，他就会运动，就会交朋友了吗？

她愣了一会儿说，那倒也不会，因为他本来的个性就内向且孤独。

我继续说，这就是了，照这样看来，痴迷彩票是内向且孤独的他消磨时间的一个办法，也是一个乐趣，而你们却想剥夺他这个乐趣，真的有必要吗?

最后，我再反问说，到底是你爸爸买彩票这件事本身的痛苦多呢，还是你们想消灭他这个行为的努力带来的痛苦多呢?

她想了想说，显然后者多得多。

类似这样的事情很常见。一次，我在广州一个小区讲课，课后一位年轻的妈妈问我，她该怎样让女儿不再痴迷于用手机聊天。

原来，她正读中学的女儿在两年前迷上了网络聊天，管理着一个QQ群，每天都会花费一定的时间。她认为这会影响女儿的学习，没有必要做，所以用种种办法让女儿不要玩QQ，最终剥夺了女儿用电脑的权利，如果要使用电脑就必须经过大人的同意。

女儿玩QQ这件事因此而消失了。但紧接着，一个更大的痛苦产生了，女儿喜欢上了用手机聊天，每天晚上都会用手机和朋友们聊很长时间。并且，她越干涉女儿这件事，女儿用手机聊天的时间就越长，先是聊到晚上十一二点，后来聊到深夜一两点，甚至更晚。

相应地，她对女儿聊天的事情越来越敏感，她经常会在女儿房间门口偷听女儿有没有电话聊天，如果有，她就会很“果断”地冲进女儿房间，对女儿大喊大叫，严重时会一边喊一边哭泣，女儿有时也会一边喊一边哭。这时，她的先生和公公婆婆都会从床上爬起来，一起冲到小女孩的房间里，一边安抚她一边训斥女儿。

对这位妈妈，我也问了同样的问题：到底是女儿打电话这件事严重呢，还是你的努力导致的后果更严重呢?

这两个故事，尤其是后一个故事，很像是一个经典的洋葱生长过程。一层皮长出来，又一层皮长出来……最后，一层又一层的皮围绕在原初痛苦外，而且它们的体积和重量远远胜于那个原初痛苦，根本不成比例。

好的治疗会引出更大痛苦?

以上两个故事，是我们试图消灭别人的某种“不良行为”而不能的故事，同样的道理也可以用到我们自己身上。

我和姐姐都患有鼻炎，中学时，我的鼻炎严重到经常不能用鼻子呼吸，情况严重时睡觉会因为窒息感而醒来，不得不大口用嘴呼吸，姐姐情况严重时也是如此。

但不同的是，我从来没有因为鼻炎而求治过，现在鼻炎基本好了，只留下了一点儿后遗症——吃重庆火锅之类的辣菜时会流很多鼻涕，而姐姐从十几岁就开始到处求治，用了种种办法，最后采取激光手术的办法暂时消灭了鼻炎。

可是，她为什么要消灭鼻炎呢？通过一次谈话我才明白，她之所以一心一意要消灭鼻炎，是因为她认为，在别人面前老流鼻涕擤鼻涕的样子不好看，这样子别人会不喜欢自己。

那么，消灭了鼻炎，不再流鼻涕擤鼻涕了，别人就会接受自己了吗？显然不可能，这其实是两回事。

放下这一点不说，在我看来，鼻炎带给姐姐的痛苦，远不如她想消灭鼻炎而产生的痛苦大。相当长一段时间，因为她如此执着地要消灭鼻炎，反而让大家视为怪人，对她更加难以接受。

所谓的“脸红恐惧症”也有同样的逻辑。这通常见于年轻的女孩，因为一次在男性或公众面前脸红，她觉得不能接受，于是，叮嘱自己“下次再遇到这种场合一定不能脸红”。

其实这句话本身就藏着一个误区——她以为，脸红这件事是自己的思维可以轻易控制的，但其实脸红是植物性神经系统的事，是我们普通人很难控制的。相反，“下次再遇到这种场合一定不能脸红”其实是一个暗示，她的潜意识，或者说植物性神经系统很难接收到“不能”的信号，相反倒接收到了“脸红”的信号，于是再到了类似场合，她反而会更容易脸红。

第二次脸红会让她更紧张，而且她会发现，渐渐地，她不仅在这个特定的场合会脸红，在类似场合也会脸红了。例如，本来她只在这个男人面前脸红，但渐渐地，她在其他男人面前也会脸红。发现这一点后，她会再次努力对自己说，一定不要在男人面前脸红。

这种努力，就意味着第二层洋葱皮产生了。如果她继续这样发展下去，结果就是第三层、第四层乃至更多层洋葱皮生出，最后，她在所有人面前都可能会脸红。

本来是在一个男人面前脸红这么一件小事，最终却发展出了这么巨大的痛苦，这是无数心理疾患之所以会产生和发展的共同逻辑。

怎么破掉这个逻辑呢？

比较安全的做法是我前面提到的，即找一个不错的心理医生，在他面前先感觉到安全，然后愿意脱掉最外层的洋葱皮，再感觉到更安全，而后脱掉更里一层的洋葱皮……

这个过程意味着，看心理医生绝不等于快乐。很多人会不自觉地认为，看心理医生就是为了减少自己的痛苦，如果在心理医生那里反而更痛苦，那一定是不对的。

恰恰相反，看心理医生，随着安全感和信任感的增加，患者一些更深层的痛苦反而会映现出来，于是会体会到平时生活中都体会不到的痛苦。

2001 年，一个女大学生 Lisa，与男友发生性关系而怀孕。怀孕约 40 天时，她才发现，接着去医院做了人流。

做完人流后，她被流产的阴影笼罩了好长一段时间。

后来，她大学毕业，顺利地找了一份好工作，她钟爱的男友也成了她的丈夫，两人很恩爱，而公公婆婆对她也很好，总之一切顺利，但流产导致的悲伤不仅挥之不去，反而好像越来越浓。

2008 年的国庆节，她和几个朋友去广州一座寺庙烧香，就在寺庙外，她摔了一跤，而这一跤导致她再次流产。并且，流产时，也是怀孕约 40 天。

这次流产的地点让 Lisa 感到恐惧，她觉得这是第一个胎儿在报复她。

在第一次来我这里做咨询时，我让她留意平时做的梦，并在第二次做咨询时帮她解梦。

Lisa 在经过一次有点神奇的解梦后有了非常好的体验，当天晚上，她彻夜失眠，但那是一次充满喜悦和能量的失眠，一直到第二天工作时，她整天都很快乐很有效率。

这么美好的体验让她以为，流产带给她的痛苦应该彻底消失了。但又过了几天后，突然间，似乎前所未有的痛苦袭击了她，那一瞬间她绝望地认为，那么美好的体验都不能帮助她，看来她是没有痊愈的可能了。

在接下来的一次咨询中，我讲了我的故事，还有我知道的更神奇的与痛苦共处的故事，并劝她试着这样做，同时也询问她，假如痛苦得不能承受时，她可以找一些什么方法暂时帮助自己。

她想了几个方法，这些方法简单可行，但后来她一个方法都没用，她真的第一次彻底沉入到后来不断袭来的痛苦中，她也体会到我曾经的体验。任何一次袭来的痛苦，不管多么难过，只要你沉入其中体会它、觉察它，那么最多半个小时就会融解并转化，有时会以喜悦结束，有时会以平静结束。这样过了约一个星期后，她有一种很强烈的预感，她知道流产带给她的痛苦，再也不会以以前的那种方式出现了，她与这份痛苦和解了。

对痛苦越敏锐，就越能承受痛苦

如果你也决定这样做，可能会有一个疑虑：怎么沉入并体会痛苦呢？

在读研究生期间，我的办法是没有办法，顺其自然，有时候就是硬挨。后来我有一个比较有效的办法了，那就是，当痛苦来临时，我越保持不动就越好，保持不动的同时，我会注意自己内心的种种变化。但我绝不引导这种变化，我只是看着这种变化而已。

有时候，我会暂时失去觉察力，即看不清楚这种变化了，甚至会觉得没有心力去看，那么也可以不看，这时只是允许这种变化进行就可以。这就是说，不逃避就可以了。

当然，有时候我会难过得不得了，这时我也会找朋友聊一会儿，寻求一下支持，而我找的朋友，基本上都不会提什么建议，他们主要是倾听。

现在，我多了一个更为具体的办法，这是学来的办法。当一种痛苦的感受再次产生时，我就会坐下来，或躺下来，感受我的身体，将注意力放在身体的某个部位，从这个部位开始感受，然后一点点地转移注意力，感受整个身体。如果某个部位的感受很强烈，尤其是难受的感觉很强烈，那么我会把注意力放在那里一段时间。

一般而言，将注意力放在这些难受的部位多停留一会儿，转化就会发生，这些部位会开始发热。但这是我自己的体验，每个人的体验会有不同。

不仅如此，同时我也会思考我的脑海中出现的画面和想法。

很重要的一点是，不管是感受、画面还是想法，我尽可能不做任何努力、任何引导，而是把自己交出去，让这些感受、画面和想法自然发展变化。

这个过程中可能会有很多有趣的事发现。譬如有一次，当我这样做时，我感觉大腿一个地方似乎被什么东西叮了一下。平时，我肯定会拍一下这个部位。但这次我保持不动，接着发现脑海里出现了一系列画面：一只色彩斑斓的马蜂在我腿上叮了一下，它将一窝卵注入我腿内，这窝卵迅速长大，变成一窝马蜂……

这一系列画面立即让我明白，思维是这么可怕，仅仅是疼痛一下而已，但我的思维立即发展出了一堆故事，并暗示我，很恐怖的事情就要发生了，如果你不拍一下大腿，不对抗一下，你的大腿上就会长出一窝马蜂。

多做这样的练习，你的觉察力会越来越敏锐，你会发现你的思维是何等疯狂，而思维又是如何利用你的恐惧控制了你，令你对哪怕一丁点儿的痛苦都无比惧怕。

在这一点上，可以说我们都是疯子，思维令我们发疯。

以前，我自主发展出的办法中，注意力的焦点主要是想法、情绪和一些莫名的感受，而现在学来的这个办法中，注意力的焦点是肉身的感觉。这是一个蛮重要的转变，以前，我总是不自觉地认为，在身、心、灵这三者中，心理和灵性是很重要的，而肉身没有那么重要。但现在我越来越重视肉身，也越来越发现身体真是非常直接、非常真诚的一条路，它不像心理和灵性那么难以捕捉，而且心理和灵性层面很容易出现自欺，但身体很少自欺。

同样很重要的一点是，我发现，随着对身体的觉察能力越来越强，我对身体疼痛的承受能力也越来越强，就好像是因为多了一个内在的观察者在看自己的身体，好像我和身体的痛苦多了一些距离似的。这种感觉有点怪，因为实际上我对这些疼痛是越来越敏感的。

或者，更为准确的说法是，因为多了这样一个内在的观察者，我不再将自我等同于埃克哈特 · 托利所说的痛苦之身。我可以更敏锐地体会身体的疼痛，但我同时明白，疼痛并不是我，所以反而会有更强的承受力。

试试看，你也可以做到这一点。

越快乐，越悲伤？

越悲伤的时候，我们常表现得越快乐。

很多人将这个办法当作了战胜悲伤的法宝。

然而，这样做的终极结果势必会是：越快乐，越悲伤。

当你非要压制自己的悲伤，并表现出极大的快乐时，你最终收获的，会是更大的悲伤。

这，可能是香港艺人“肥姐”沈殿霞人生悲剧的核心点。

肥姐被视为香港第一“开心果”，数十年通过荧屏给无数香港人带来快乐。但是，她自己快乐吗？

本来，我对肥姐的故事并不了解，但前两天晚上，和一个朋友聊天，她说起了肥姐。她说，肥姐最大的人生创伤自然是爱情。40岁左右的时候，肥姐冒着生命危险生下了一个女儿，但女儿不到8个月时，她的“最爱”坚决和她离了婚。此后，肥姐患了严重的抑郁症和糖尿病，头发都快掉光了。这时，她去加拿大看望亲人，被粉丝认出。粉丝说，好些时候没看到你的节目了，快些拍片，你可是“香港开心果”，我们都等着你带给我们快乐啊。

肥姐说，这句话救了她，她随即克服困难重返荧屏。

与最爱的人分手，自己的价值感跌到冰点，抑郁症由此而生，但粉丝告诉她，你当然是有价值的，你的“香港开心果”形象带给我们多少快乐啊。于是，肥姐继续她的开心果形象，因为这是她的核心价值感的源泉。

我们都在寻求价值感，如果童年时，某一种方式令我们找到了价值感，此后我们便会执着于这个方式。并且，这世界上的大多数人一般只找到了一套寻求价值感的方式，越困难的时候，我们会越执着于这一套方式，认为这是唯一的，但其实在最困难的时候，改变或调整这一方式会更好。

譬如，肥姐的开心果形象在荧屏上给公众带来了巨大的快乐，并为自己赢得了名声和利益。但在私人生活中，她的这一形象似乎只是对别人有利。一段似是肥姐自述的文字中写道，朋友们很喜欢和肥姐聊天，把苦恼倾诉给她，也很喜欢带着恋人和她在一起，男人这样做，女人也这样做。

被需要但不被重视

但为什么要做别人的垃圾桶呢？

真爱极其珍贵，我们应该给值得的人。很多倾诉，多是自恋式的絮絮叨叨，这时的倾听并没价值。并且更重要的一点是，做别人的垃圾桶的人，一般都不会被别人所重视。大家都需要你，但没有人会重视你爱你。

肥姐之所以和郑少秋相恋，是因为郑少秋的前女友让肥姐给郑少秋转一封信。肥姐以为是情书，就转了，没想到这是一封分手信。拿到这封分手信的郑少秋情绪极其低落，而肥姐想办法安慰他，两人由此建立了恋爱关系。

让肥姐转分手信的做法，是不地道的。送分手信想必有些难过，做起来有些困难，但能解决的办法很多，不必假肥姐之手，而且假手前也没有告诉肥姐实情。不过，看肥姐的自述文字，她好像对这种做法没有感到一点儿不舒服，她似乎习惯了做一个被别人需要但不被别人重视的好人。但这样的好人，到了爱情中，很容易被忽视。

我们常以为，要一个人对自己好，就该先对他好。但是，更好的办法是，你想让一个人对你好，就请他帮你一个忙。这个办法之所以更好，是因为我们都很自恋。多数时候，我们看似爱的是别人，其实爱的是自己在这个人身上的付出。

如果在一个关系中，你付出了，那么你会很在乎这个关系，但对方没怎么付出，于是对方就不会在乎这个关系，而且不管你多么优秀，对他有多好，他都会不在乎。想让他在乎，就必须让他付出。

这是一切关系中的秘密，在亲密关系中尤其如此。

面对大众，肥姐做一个开心果，她给了大众快乐，而自己也收获了很多。

但是，当面对亲人时，如果她继续做开心果，她就只有付出，而难以有收获。所以说，当感情受挫时，肥姐或许更需要重新认识自己，改变自己获得价值感的方式，而不是执着于以前的方式。

能主动及时调整自己获得价值感的方式的人，是凤毛麟角，而在遭遇困难时更加执着于固有的方式的人，是绝大多数。

肥姐也是后者。所以，当遭遇人生最大的创伤后，她给人的印象是她比以前更快乐，但我这个朋友说，这种快乐一定是假的，她相信肥姐是把快乐给了别人，而把悲伤留给了自己。她以前就是这样的，读书时，她给人的印象是一个阳光灿烂的女孩，常收到男孩的求爱信，多数求爱信会写道："我喜欢你灿烂的笑容。"

身体疾病是为了减轻心理痛苦?

不过，如果有这句话，这个男孩就会彻底失去机会。她会觉得这个人根本不了解她，不知道她内心有多苦。并且，她也害怕面对他，觉得这个男孩不会接受她真实的一面。

肥姐也是如此吧。当在加拿大遇到的粉丝说她是香港的"开心果"时，她会不会也有相同的感受?

我们执着于某一点，一定是因为我们认为这一点是"好我"，而相反的方向是"坏我"。我们都渴望与别人亲近，但我们认为，别人只能接受我们的"好我"，而不能接受我们的"坏我"。

我这位朋友，以前和肥姐有同一个逻辑：快乐时的自己是"好我"，悲伤时的自己是“坏我”。所以，把快乐表现给别人，把悲伤留给了自己。

她们这样做时，还常常得到别人的鼓励。譬如，当男孩写求爱信说，我喜欢你快乐的样子，这时她就会认为自己这一套逻辑果真是正确的。肥姐作为香港第一“开心果”，得到这样的鼓励不知道有多少。

但另外一面的自己才是更真实的。我这位朋友，当她一个人时，她就会变得郁郁寡欢，而且她对忧伤气质的人和忧伤色彩的小说与电影更感兴趣。当和这些忧伤的东西相处时，其实就是她在和忧伤的那部分自我相处，这时她面对这些忧伤的东西就宛如在面对自己。

如果一些感受在自己身上产生了，就必须接纳它们、认识它们，这才是自我和谐之道。

但太多时候，我们有一种妄想：有些感受不舒服，我不去面对，它就不存在了。这自然是不可能的。有了悲伤的人，是不可能通过哈哈大笑把悲伤给彻底消灭的，他只能去拥抱他的悲伤。

如果悲伤真被消灭了，一个遭遇大悲剧的人，表现得彻底没有悲伤，甚至反而还很快乐，这一定意味着更大的悲剧会产生。

因为某些感受一旦产生，我们不接受它、压制它，不让它通过心理的途径来表达，那么，它就会通过身体的途径来表达。

以前，我写过，癌细胞或许就是被我们彻底压制的某些感受的表达途径。前不久，我读了一本杂志，上面介绍国外一本杂志上的文章，说其作者认为，很多生理疾病起了减缓心理痛苦的保护作用。

我赞同这个观点。然而，如果用癌症的方式来减缓心理痛苦，这就太不值得了。

超越挫折：变逆境为机遇

亏500万元的站了起来，亏200万元的却垮了下去。亏500万元的认为“我这辈子没有遇到过什么挫折”，亏200万元的却说“我这辈子已经彻底垮了”。这到底是为什么？

“我这辈子没有遇到过什么挫折。”45岁的华先生说。

“我这辈子已经彻底垮了。”35岁的罗女士如是说。

看上去，他们两个一个天上一个地下。华先生是上海一名小有名气的书商，现在每年出书200～300种，年收入数百万元。罗女士现在欠债近100万元，几个债主一直在找她，而她躲在一个情人家里不敢出门。

但是，他们有过类似的经历。

10年前，华先生是上海一所名校最年轻的副教授之一，是学院里公认的学术天才，但他毅然下海，贷款2000万元做“大生意”。生意赔了，他欠下了500万元的债务。这一闷棍敲醒了他，他不再做“大生意”的梦，转来做出书这种适合他的小生意。经过6年的奋斗后，4年前，他终于还清了500万元的债务和利息。

5年前，罗女士还是广州一个小企业主，拥有豪宅、名车和一家小型的加工厂，但因为轻信于人，在一笔生意上亏了200万元。将豪宅、名车和加工厂全部变现抵债后，她仍然有近100万元的债务。无奈之下，她开始过起东躲西藏的生活，一直到今天。

亏500万元的站了起来，亏200万元的却垮了下去。亏500万元的认为“我这辈子没有遇到过什么挫折”，亏200万元的却说“我这辈子已经彻底垮了”。这到底是为什么？

对此，国内知名心理学家许金声教授分析说：“这是因为他们有不同的挫折商，挫折商高的华先生超越了挫折，而挫折商低的罗女士被挫折吞噬了。”

挫折商的英文简称是 AQ（Adversity Quotient），是美国职业培训大师保罗·斯托茨提出的概念。

之前，人们已熟悉了智商（IQ）和情商（EQ）两个概念，它们成了衡量人的素质的重要指标。1997 年，斯托茨在《挫折商：变挫折为机会》一书中首次提出了挫折商。简而言之，挫折商就是一个人化解并超越挫折的能力。2000 年，斯托茨又出版了《工作中的挫折商》一书，从此以后，AQ 成了职场培训中的重要概念。

“迄今为止，AQ 主要是职场培训中的概念。”许金声说，“不过，AQ 不只是衡量一个人超越工作挫折的能力，它还是衡量一个人超越任何挫折的能力。同样的打击，AQ 高的人产生的挫折感低，甚至是零，而 AQ 低的人就会产生强烈的挫折感，甚至会因为一件小事而产生天塌下来的感觉。”

研究也证实了这一点。美国 SBC 电信公司的销售数据表明，高 AQ 员工的销售额比低 AQ 员工的高出 141%。其他研究也发现，高 AQ 员工的生产能力、创造力和沟通能力，也显著好于低 AQ 员工。并且，高 AQ 的病人在手术后恢复得也远比低 AQ 的病人快。

“高 AQ 者和低 AQ 者的差别首先在于，面对挫折时的第一反应。低 AQ 者一遇到挫折就容易产生‘天塌下来了’的感觉，而高 AQ 者却会因为遇到挑战而兴奋。”许金声说，“其次，这两种人的心理机制也截然相反。低 AQ 者是应付机制，他会用种种消极的心理防御机制逃过挫折；而高 AQ 者是应战机制，挫折会激发他调动自己的种种资源和能量，最终化解并超越挫折。”

按照斯托茨的理论，可以从四个方面考察一个人的 AQ：控制（Control）、归因（Ownership）、延伸（Reach）和耐力（Endurance）。由此，斯托茨又将 AQ 的得分称为 CORE。

衡量 AQ 的指标一：控制

所谓控制，即你在多大程度上能控制局势。斯托茨认为，我们的控制能力来自我们的控制感："我感觉到我在控制局势。"高 AQ 者的控制感高，低 AQ 者的控制感低。

即便面临重大的挫折，高控制感的人仍然相信自己能控制局势。当别人都以为"大势已去"的时候，高控制感的人总能透过种种消极因素看到积极的、自己可以做主的地方而决不言放弃。但控制感低的人在掌握着很多资源的时候，就很容易觉得"大势已去"了。

北京大学有一名教授，当学生们和他打招呼的时候，他会高抬起头不做任何回应，"高傲"地擦肩而过。知道了他这个习惯后，绝大多数学生都不再主动和这位老师打招呼。

然而，一个女学生就不这么做。一开始，她打招呼后，教授一样会抬抬头，"高傲"地擦肩而过。但这位女学生并不放弃，个子矮小的她会转过身来，小跑几步，堵在这位教授的前面高喊一声："×× 老师，你好！"

这样打了几次招呼后，以后只要一看到这位女学生，这名教授就会主动打招呼："××，你好！"

这是一种控制感的较量。一般的学生认为，是教授在控制局面。所以，当教授不理自己时，这种小小的挫折感击倒了绝大多数学生。但这名女学生不同，她相信自己和教授一样可以控制局面，她认为教授"古怪"的行为背后一定有一个可以理解的特殊原因。暂时，她不知道这个原因是什么，但她深信没有人真的天生就是这么古怪不讲情理的，只要自己坚持，她就可以控制这个局面，而事实也证明了这一点。

老师不理自己，这是一种很小的挫折。但亏了 500 万元，对于没有任何家底的人来说算是重大的挫折吧。然而，前文提到的那位下海的华先生，他并没有将这样的事情看作是“挫折”，究其原因，在于他内心深处的控制感，当时 35 岁的他深信自己还能将生命的旋律牢牢地掌握在自己手中，所以亏了 500 万元并没有让他陷入恐慌。

斯托茨认为，这种控制感主要来自潜意识，与自己的个人经验关系不是特别大。譬如，华先生亏 500 万元之前，并没有在商场上叱咤风云的经验，他仅从内心深处的信念而相信自己可以控制局势。而罗女士，虽然比华先生多很多经商经验，但这些经验并没有帮助她产生足够的控制感。

衡量 AQ 的指标二：归因

挫折发生了，我们要分析挫折发生的原因，这就是归因。

低 AQ 的人倾向于消极归因。要么，他们是外部归因，将挫折归因为他人、环境等外部因素，而认为自己没有一点责任；要么，他们是消极自我归因，认为自己应为挫折负责，但同时认为局势已不可扭转，而很容易产生被伤害感和无助感。

相反，高 AQ 的人首先会主动承担责任，无论什么情况下都倾向于认为自己应该为挫折负责。同时，他们会进行积极归因，即相信自己一定能改善局面。

斯托茨概括说，高 AQ 的人会有这样的积极负责感：我认为我应该为改善这一局面而负责。

挫折事件必然有外部原因和内部原因，但进行外部归因经常于事无补，因为我们最能左右的是我们自己，我们最能改变的也是我们自己。进行自我归因的人虽然可能会给自己施加太多的压力，但这种压力会帮助他寻找自己的弱点，然后进行改善。而外部归因的人，在挫折发生后会对自己说一句“这不是我的错”，然后就放弃了自我改善的努力。

27岁的阿梅感觉到自己撑不下去了。3年前，她立志要成为一名优秀的销售经理。但从那时到今天，还没有哪一家公司雇用她做销售经理超过一年。多数时候，她刚到试用期就被公司解聘。现在，她几乎彻底对自己失去了信心。

阿梅之所以陷入现在这种局面，和她的归因方式密切相关。第一次被公司解雇就给她造成了重大的心理打击。虽然内心深处知道，自己作为一名销售经理还有所欠缺，但她不敢去做这种自我归因，她的解决方式是逃跑。既然被这家公司解雇了，她就去另一家公司应聘销售经理。被另一家公司解聘后，她再去第三家公司应聘销售经理。她一直没有放弃自己的“销售经理梦”，但是，她却从来没有认真地对这些屡屡发生的挫折事件做一次自我归因。

每一次挫折事件都是一次机遇，因为它暴露了自己的缺点和弱点。进行自我归因的人会借此完善自己。这样一来，挫折就成了人生的一种财富。

譬如，华先生在亏了500万元后明白，自己并不适合做“大生意”。作为一名下海的副教授，他明白自己的优势仍在文化方面。于是，他放弃“大生意梦”而改做出书这种“小生意”。经过这样的自我归因后，巨大的挫折成了他人生的转折点，最终造就了他现在的成功。

但是，进行外部归因的人就没有这种机会。对他们来说，每一次挫折就只是挫折，挫折事件发生越多，他们心中积攒的挫折感就越多。像阿梅，如果她在第一次被解聘后就立即进行自我归因，要么完善自己继续做“销售经理梦”，要么放弃这种梦而改做更适合自己的工作，就不会接二连三地遭受打击了。

衡量 AQ 的指标三：延伸

延伸，即你会不会自动将一个挫折的恶果延伸到其他方面。高 AQ 的人很少泛化，他们将挫折的恶果控制在特定范围。他们知道，一个挫折事件只是一个挫折事件。

相反，低 AQ 的人，遭遇到一个挫折事件，很容易会产生“天塌下来了”的感觉，从而觉得一切都糟透了。这样一来，挫折事件就像瘟疫一样蔓延到他生活和工作的方方面面，让他因为一个挫折而否定自己的一切。

很多人会将工作中的挫折带回家。在公司里，他们受了同事或领导的气，回到家后，他们将郁积在心中的怒火发泄到伴侣或孩子身上，结果把家里也搞得一团糟，工作中的挫折感于是也“延伸”到了家中。最终，他们不去思考为什么会是这样子，而是空自感叹，怎么什么都是一团糟。

有延伸习惯的人还会因为遭受某一方面的挫折而全面否定自己。前面提到的阿梅，她每次被解聘后都会产生极大的失败感。她会觉得无颜面对父老，也会在面对异性时缺乏自信。但实际上，她是个又漂亮又有魅力的女孩，喜欢她的异性很多。但仅仅因为工作的不顺利，她全面否定了自己，这是一种极端的“延伸”。

相反，像华先生，损失 500 万元几乎没有对他的生活造成任何重大影响。他仍然一如既往地豪爽地笑，仍然一如既往地享受生活，仍然深信自己是个有魅力的男人、负责任的好丈夫、善解人意的好朋友。也就是说，他将损失 500 万元这件事情的消极影响严格控制在了工作领域，完全没有让它延伸到生活中。

张海迪的一番话是低延伸的典型——“人就像一部机器，残疾人就像部分零件损坏一样，不能因此就把整部机器毁掉，那些能用的部分还是大有价值的。”

延伸的习惯在中学生中非常常见。很多中学生会因一两次考试失败而怀疑自己的学习能力。之所以如此，就是因为他们将一两次考试失败的挫折感无限延伸了。

斯托茨认为，这种泛化习惯是低 AQ 的根本源头。低 AQ 的人，他们不仅无法超越挫折，还会让挫折变得像瘟疫一样，延伸到生活的其他方面，最终将生活搞得一塌糊涂。而高 AQ 的人，他们不仅能超越挫折，还会将挫折感严格控制在特定的挫折事件上，不让它对自己的其他方面产生任何影响。

衡量 AQ 的指标四：耐力

耐力，指“逆境会持续多久？逆境的起因会持续多久”。斯托茨认为，高度的耐力是高 AQ 人的最明显特征，他们会“把逆境以及逆境造成的原因看成是暂时的……这种态度将使他们的精力更加旺盛，更善于保持乐观主义精神，增加采取行动的可能”。

斯托茨认为，耐力是衡量 AQ 的最重要尺度，他测评 AQ 的公式是：CORE=C+O+R+2E，这无疑表明了他对忍耐能力的重视。

不过，斯托茨所说的耐力并不是盲目地忍受。有些人之所以将忍受当作自己的人生哲学，只是因为惧怕得罪别人。这种忍耐力并不是斯托茨所提倡的。斯托茨所指的耐力是富有智慧的忍耐，是一种基于洞察力的忍耐。高 AQ 者之所以有较高的耐力，只是因为即便面临着再大的困难，高 AQ 者也总能看到积极因素，他们深信自己能渡过难关，能掌控局势，目前的忍耐只是黎明前的黑暗。他们的耐力是基于希望和乐观主义的。

爱迪生为发明新型蓄电池经历了 17000 次失败，他这种惊人的耐力与他对电池的理解是密切相关的。相反，低 AQ 的人即便在非常有利的时候，也会看到消极的地方，并由此产生过分的担忧，最终产生“怎么做都没有用”的想法，于是很容易放弃。

心灵成长书吧：《体验悲哀》

作者：维雷娜 · 卡斯特

启迪性：4.8 分　易读性：4.5 分　趣味性：4.0 分　推荐度：4.8 分

推荐理由：

亲人的死亡，是我们最难面对的一课。

不幸的是，每个人势必要死去，而我们也势必要遭遇多次亲人的离世，如果我们没有学会怎样面对这一课，那么每一次亲人的离世都只能撕裂我们的心，把我们抛到爱的荒野，令我们的心灵分崩离析。

其实，面对亲人离世的方法说起来很简单，就是哀伤。我们不仅要允许自己哀伤，而且要接受在整个哀伤过程中所自然产生的每一种情感。

这些情感，不仅有悲伤、难过和内疚，以及对追随亲人而去的渴望，还有愤怒，譬如我们势必会问：“为什么你这么忍心丢下我？！”

在追悼死者时，我们不仅会怀念他的优点，也势必会检讨他的缺点。

……

以上这些情感，几乎是每个遭遇亲人离世的人都会产生的。然而，不论东方社会还是西方社会，都忌讳谈论死亡，并且会在亲人离世后倾向于将他彻底理想化，而不容检讨他的缺点。

这样一来，自然的哀伤过程就会被破坏，于是亲人的离世就很容易只给我们留下创痛。

譬如，佛山男子黄文义，他杀死了6名亲人，包括自己的妻子和儿子。尽管掌握的关键信息不够，但我基本倾向于这样一种分析：他无法接受父亲和大哥的突然离世，最终将对他们离世的哀伤变成了对妻子的愤怒。一个关键的信息是，他还想杀死二哥，因为他认为二哥对大哥的死负有一定的责任。我推断，他想杀二哥的理由和他杀妻子的理由极有可能一样。

在我接到的读者来信中，也可以看到大量类似的信息。譬如，一个女子和男友在外地度假时，她挚爱的奶奶去世了。她没有赶上见奶奶最后一面，甚至连葬礼都未能参加，她非常自责，并且几次对男友失去控制地大发脾气。

再如，一个女子怀孕了，她挚爱的姥姥正在重病中，为了不给即将出世的孩子带来“晦气”，老人家不让她来看自己，当姥姥离世后，家人也没有让她参加姥姥的葬礼，结果令她这几年来一直自责。

这些信件，还有以前知道的一些事件让我想到，尽管每个人都会对你说，当遭遇亲人离世后，你该怎么办，然而，这些约定俗成的办法中，有着太多的谬误。

这正是维雷娜·卡斯特这本书的价值。她用小说家般的高超文字水平，细致地描绘了亲人离世后我们所必然经历的哀伤过程。因为我们经常抵触正常的哀伤过程，所以意识上的表现已不那么重要了，于是维雷娜·卡斯特选用了梦来阐释哀伤过程，这使得这本书充满了神秘色彩。

如果你遭遇过亲人的离世，而且仍未从里面走出来，这本书会给你巨大的帮助。

CHAPTER 3 愤怒是对愤怒者的保护

*

愤怒，给予你力量和动力，让你生命的每一分钟都具有创意，每一分钟都能表现出你自己的风采。没有愤怒，你就会在不适当的地方屈服，就会手足无措。

愤怒：你的力量之泉

我们惧怕愤怒，因为愤怒看上去容易伤害关系，让我们与别人疏远。但愤怒是必需的。

因为，我们既需要亲密关系也需要保持独立空间，从而保持住自己的个性和判断力。而愤怒，是保护独立空间的最有力武器，甚至是唯一的武器。

假若你接受自己的愤怒，那么，当有人试图与你建立坏的关系时，无论他的借口多漂亮，他都难以得逞，因为愤怒告诉你，他这样做不对。

你的愤怒释放后会令他知难而退，而你则捍卫了自己的空间。这样，通过愤怒，你拒绝了一次坏的关系，或者拒绝了一个关系向坏的方向发展。

美国心理学家托马斯·摩尔在其著作《灵魂的黑夜》中说："当人们清楚明白地表达出愤怒的情感时，它就能为一个人和一种关系做出很大贡献；但是当愤怒被遮掩隐藏起来时，它的影响则正好相反。"

与关系有好坏之分一样，愤怒也有好的愤怒和坏的愤怒。好的愤怒，直接捍卫了你的个人空间，并最终阻止了一个好的关系向坏的方向发展。坏的愤怒则做不到这一点。

“不过，有趣的是，”广州向日葵心理咨询中心的咨询师胡慎之说，“一些愤怒之所以成为坏的愤怒，正是因为我们一开始压抑了自己的愤怒。”

他用自己的例子诠释了这一点。

以前，他是没脾气的小孩

胡慎之说，一直以来，他常因吃饭的事而情绪失控，特别不能忍受吃饭的时间被拖延。

譬如，公司订餐，送餐的来晚了，他非常愤怒，忍不住暴训一通送餐的服务员，有时还会斥责一通他公司中负责订餐的文员。

为什么吃饭的事这么令自己愤怒？对此，胡慎之想过很多，最后将其上升到了理论的高度——因为某些重要的心理原因，男人是受不了饿的。

但直到近两年，他才真正明白了自己失控的原因。“简单说来，就是把对经常饿我的父亲的原始愤怒，转移到了对饿我的其他人身上。”他说。

原来，胡慎之小时候，父亲常用“面壁”的方式惩罚他，命令他跪在一个板凳上面向墙壁思过，并且一罚就是 3 个小时。

“父亲常在晚上吃饭前罚我面壁，3 个小时过去，饭都凉了，妈妈和奶奶求他先让我吃饭，但他坚决不同意，并且大声吼她们。”他说。

小孩子正是长身体期间，很难忍受挨饿的滋味。“我还记得那种滋味，我当时非常愤怒，但我不敢表达，因为父亲是那么强大。”他说。

儿时的胡慎之表现得像一个好孩子，不敢表达愤怒，非常乖非常听话。直到小学三年级，他才爆发了第一次愤怒：“那好像是我记忆中第一次发脾气。”

后来，他是乱发脾气的成人

那一天中午，上最后一节课的老师拖了堂，大约拖了一个小时，而他放学后要走 10 分钟才能走到妈妈上班的地方吃饭。在路上，他越走越生气，结果当他走到妈妈那儿，看到妈妈为他准备的午饭时，他的怒气一下子到了顶峰，举起盛饭的搪瓷大盆猛地摔到了地上，然后转身又去了学校，这顿午饭因此没吃成。

“饭撒了一地，第一次看到我大发脾气，妈妈目瞪口呆。”他说。

这次愤怒只是昙花一现，他又变回那个很乖的、没脾气的小男孩。他记忆中的第二次强烈的愤怒，一直到大学毕业后才出现。

当时，他在卫生防疫站工作，一次去一家饭店检查卫生工作。那家饭店老板给他们安排了午餐，但向下布置任务时出现了疏漏。结果，等胡慎之和同事做完检查准备就餐时，饭店的服务员却告诉他们没有给他们安排午餐。

“听到这个消息，我暴跳如雷，平生第一次这么愤怒，而且完全不能控制自己。”他说，“我把饭店服务员、经理和老板叫来狠狠训斥了一番。当然，我不能说是因为吃饭的事，只能拼命挑卫生方面的刺。”

其实，饭店再立即安排一顿午餐也不难，胡慎之知道这一点，但他就是无法控制自己的愤怒，甚至他的上司极力相劝都不成。“后来有一段时间我一直给这家饭店穿小鞋。”

这只是开始，从此以后，他不仅变得对挨饿特别不能忍受，而且也变成了一个很有怒气的男人。

这导致了双重的结果。一方面，胡慎之觉得自己的人格力量越来越强，“易愤怒的人，力量就强，这是因为愤怒既是保护自己的力量，也是激发自己争取和战斗的力量。”但另一方面，他因为愤怒而失控的情形也越来越多。

找到愤怒的源头，就可得救

这种情形，直到前两年他给父亲打的一个电话才发生了巨大改变。

当时，他在四川一个机场接到了父亲的电话，电话结束时，他突然对父亲说了一句："我有你这个父亲，是我的命；你有我这个儿子，是你的命。"

这句脱口而出的话，产生了不可思议的结果。胡慎之感到如释重负，心里好像有一个大包袱放下了，他觉得有说不出的轻松。

"有这种感受，是因为我接受了事实，接受了父亲就是这个样子的事实。"他说，"以前，我一直想，我不该有这样的父亲，我应有更好的父亲。但那一刻，我明白，这就是我的命，这是不可更改的事实，我不用和事实较劲。"

"同时，我也明白了，我的命运并非全由他造成，我可以为自己负责，这就是第二句话的意思。"他说，"很多人明白父母的确糟糕后，把这一点当成了推卸自己责任的理由，认为自己的什么问题都该父母负责，但忘记了他还有很多事情可以做。"

不久，他也明白了自己经常失控的缘由：把对父亲饿自己的愤怒转嫁到其他人身上去。

"好的愤怒，针对的必须是导致你愤怒的那个人。你对这个人愤怒，你才能捍卫自己的空间，并且愤怒地表达才会有效果。如果这个人惹了你，你不敢对他愤怒，你跑去把愤怒发泄到其他人身上。那么，你发泄得再厉害都没用，因为对象选错了，那样愤怒就没有任何意义。"他解释说。

愤怒，是对入侵的直接反应

重要的不是要宣泄愤怒，而是理解自己的愤怒。因为和其他所有的情绪一样，愤怒首先是一个信号，它告诉你有人过分地侵入了你的空间，过分地控制了你。如果你感受到了愤怒并理解了愤怒传来的这个信号，那么你就会明白，侵入你空间的那个人，无论其理由是多么美好，你都应当捍卫自己。

最常见的入侵恰恰来自最亲密的人，如父母、配偶、亲友和同事。关系越亲密，入侵者越容易使用冠冕堂皇的借口，如“我爱你，所以才这样做”。这种借口很容易迷惑我们的理智，让我们陷入迷茫，开始相信他们的确是为了自己好才这么做。毕竟，理智很容易被欺骗。

但是，情绪决不会被欺骗。第一时间产生的情绪，都是基于真相的最直接反应。愤怒也是如此，假若你能全然地接受第一时间产生的愤怒，那么你永远不会被欺骗，不管多么聪明的入侵者都不会得逞。或许，你不得不暂时接受一些强势人物的入侵，但你清楚地知道，这不是爱，这不是为了你好，是入侵，这是不对的。

胡慎之说，很多时候，仅仅知道自己愤怒和为什么愤怒，就足以得救了。他在那个机场的那个电话之所以能发挥如此巨大的作用，正是因为通过这个电话他明白了自己愤怒的源头。一旦明白了愤怒从哪里来，他就没必要再把这愤怒转嫁到其他人身上。

性和攻击：人类的两个基本欲望

精神分析的鼻祖弗洛伊德认为，性和攻击是人类的两大基本欲望，我们的所有行为，其动力都来自这两种力量。

性，是为了建立关系，它驱动着我们走出孤独状态，并渴望与别人建立形形色色的关系。

攻击，的确会令关系一时疏远，但它由此给我们留下了充足的个人空间，使我们可以充分地保留自己的个性与独立。

性与攻击，听上去是一组黑暗的词语。那么，可以换成另一组词语：爱与自由。

爱，拉近我们与另一个人的距离，使得我们不再孤独，并充分享受关系中的温暖与美好。

而自由的获得，离不开愤怒与攻击。因为，我们每个人都或多或少有控制欲望，免不了想把自己的意志强加在另一个人身上，而那个被强加的人，必须靠愤怒与攻击来与强加者拉开距离，否则他就不会成为一个自由的人。

更重要的是，别人一旦过分地侵入你的空间，你的愤怒是不可避免的。你永远不能阻止自己愤怒的产生，你最多只能暂时把愤怒压抑下去。不过，如果这愤怒被压抑了太久太多，那么它一旦爆发，就会是毁灭性的，要么是毁灭对方，要么是毁灭自己。

这正是为什么那些内向的、孤僻的、听话的人，经常会做出令周围人都难以理解的事情来。

会合理地表达愤怒的人，远比从不愤怒的人更适合与别人建立关系。正是从这个意义上讲，一个朋友对托马斯·摩尔说："你最好只和那些会表达愤怒的人做朋友。"

不生气，就用行动表达攻击

胡慎之强调说，转嫁愤怒是不好的，但并不是说，愤怒是不好的，我们应注意这一区别。他说，他清晰地感受到，愤怒后的他，和以前很乖的他相比，显然更有力量。如果比较这两者，他更喜欢后者，而不是前者。

这不难理解，因为愤怒和性一样，都是我们本能的驱动力。如果性能力被阉割了，一个人就会变得萎靡不振，愤怒的能力被“阉割”，会带来同样的结果。

更重要的是，愤怒很难被阉割。那些看起来没有愤怒的人，其实也会找一些途径释放自己的愤怒。

一个女孩，她父母疼爱她的弟弟远远胜于她，但她不能表达愤怒，否则会招致责骂，从而得到的爱更少。于是，她变成一个看上去没有愤怒的人，在家里如此，在单位里也如此。

譬如，在单位里，领导和其他同事常推给她一些本不属于她的任务。她不敢推掉，因为怕得罪人，怕伤害与别人的关系。并且，她对我说：“我从不生气。”

但是，那些任务，她总是拖延，且常犯一些“莫名其妙的错误”。结果，常惹得领导和同事非常愤怒，这导致她经常被开除，于是不断地换工作。

在这个案例中，拖延和“莫名其妙的错误”其实就是她的愤怒与攻击。只不过这种愤怒的表达不是来自意识，而是来自潜意识。当在家里遭遇了不公平的时候，她不敢捍卫自己，于是只能忍气吞声；在单位里遭遇了不公平时，她一样是忍气吞声。不过，并不像她所言，“我从不生气”，她只是在愤怒出现的第一时间立即把愤怒压下去，从而根本觉察不到而已。但那愤怒仍要找突破口表达出来，拖延和“莫名其妙的错误”就是她的愤怒的表达方式。

她的那些同事和领导由此感受到了被攻击，这种感受是很真实的，这女孩的确是在报复他们。当然，这种报复是破坏性的，既得罪了人，也不能帮助她捍卫自己。

此外，这个女孩，她不愤怒，但她看上去成了一个惨兮兮的可怜虫，她永远有说不完的委屈，她总在自怜，也总是无意中找一切机会让别人可怜自己。

但假若她能在第一时间识别自己的愤怒，并能适当地把它们表达出来，那么她就会远离这种无力的可怜状态，变成一个更有力量的人。

愤怒，帮你认清自己的价值

否认和压抑愤怒，还会导致你错误地评判形势。

一个女研究生，她的导师申请了数千万元的科研经费，她是那个项目的得力干将。她的导师为了最大限度地利用她，不让她学习其他知识，只让她专心做一个方面的工作，而那方面知识她已完全掌握，再干下去不会有任何提高。还不止如此，虽然这个项目会给她的导师带来很多收入，但她的导师每个月只给她 200 元的生活补贴。

这是赤裸裸的剥削，但这女孩不敢对导师表达愤怒，因为她认为导师决定着她未来的前途，她还有赖于导师的恩惠。

但等她接受了自己的愤怒并重新分析全盘局势后，她才恍然大悟，其实导师对她的依赖程度，远远胜于她对导师的依赖程度，她有足够的资本去和导师讨价还价，根本不必那么惧怕他。

于是，她这样做了，去和导师讨价还价，导师一开始很生气，但最终聪明地让步了，因为事情僵持下去的话，他的损失更大。

这就是愤怒的价值。

你不能也不必像小孩子一样，一感受到愤怒就发泄出来，但是你必须清楚地知道你的愤怒，并知道为什么会这么愤怒，然后富有智慧地去处理它。

日本有“愤怒吧”，那些受了上司、家人和社会强势人物的气的人，会去“愤怒吧”发泄自己的愤怒，譬如把讨厌的上司的画像贴在一个木偶上，然后攻击这个木偶。这是一种等而下之的处理方式，其实也是一种转嫁，当然，它总比不处理要好。

好的处理方式是，理解你的愤怒，问问它向你传递的信号是什么意思，然后富有智慧地去解决它，那它势必会成为你心灵的兵器，帮助你强大起来。就如托马斯·摩尔所说：

你要理解你的愤怒，最终才能触及它的核心。它有某种深奥的内涵，帮助你让生活变得有意义。如果你确切地知道什么让你生气、你在和谁生气，你就能清楚自己的立场与事情的重点，以及该如何在情感上加以处理。

愤怒厘清了复杂的生活，并不断将其重组。

向创可贴式的爱说“不”

因为一个人，你受伤了，你痛了。

为了减轻这疼痛，你把另一个人拿过来，当作治疗前一个人留给你的伤痛的工具。你说这是爱，但这是创可贴式的爱。

这样的爱，对另一个人非常不公平。

武编辑：

你好！

我是一个22岁的江西农家女孩，春节回家期间，在父母的安排下，相了一次亲。

相亲的男子比较特殊，是一个离过婚的男人。和其他老人一样，我父母不喜欢他这一点，但他对我父母说，如果我们成了家，有个男孩的话就可以给我父母做儿子，这一个承诺打动了我父母。

我心中的滋味很复杂。首先，我理解父母的想法。本来，我有一个弟弟，但12年前出车祸死了，我成了老家特殊的“独生女”，那时一家人所承受的痛苦我一辈子都无法忘记。所以，爸爸非常渴望再要个儿子，并因此想让我嫁给这个离过婚的男人，我尽管有一点儿不愿意接受，但也理解他的苦楚。

理解归理解，我还是不想接受这样的婚姻，毕竟我以前没谈过恋爱，嫁给一个离过婚的男人，我不愿意。

不过，我不想父母伤心，所以还是去相亲了，只能想办法慢慢说服父母。最后，我成功地说服了父母，没有再和那个男子发展关系。

可是，在分手以后，我却常常会想起他，觉得自己太残忍，这样的自责一直延续到现在，我感觉很沉重，有时我会有打电话给他的冲动，甚至想答应嫁给他。

为什么会这样？我们只见过两次面，一开始我就告诉他，我们没有可能走到一起。但我们聊得还不错，他给我讲了他很多不开心的事，譬如为什么离婚，我的确有点同情他。

就是因为这一点同情，让我如此自责吗？

阿兰

阿兰，读完你这封信，我脑子里蹦出了一个词：创可贴式的爱。

想到这个词，可能是因为经常和朋友们谈到“创可贴恋爱”，意思是，谈一次恋爱，是为了填补上一次失恋造成的空虚和痛苦。

创可贴恋爱不足取，因为新的恋爱成了以前恋爱的牺牲品，这对新的恋人很不公平。

但是，因为失恋太痛苦，所以创可贴恋爱变得非常流行，譬如不知多少人听别人说过：治疗失恋的最好的办法，就是开始一场新的恋爱。

看到你这封信，我也很快想到，其实，不止创可贴恋爱非常流行，创可贴式的爱也一样很流行。

譬如，从你的信中可以清晰地看到，你的父母为了填补失去一个儿子的痛苦，而渴望女儿为他们生一个“儿子”出来。

这会引出来非常多、非常大的问题。

不要把挫折扩大或延伸

每个人的一生中都会遭遇很多挫折和打击，因为应付挫折的方法不同，挫折对每个人造成的伤害程度也大不一样。

这里面有一个原则：在处理挫折时，把挫折控制在这个具体的事件之中，而不要把挫折扩大甚至延伸。也就是说，如果事件 A 让你受伤，那么就在事件 A 的范围内处理自己的伤，而不要因为不想面对事件 A 弄出一个事件 B 来，让事件 B 成为治疗事件 A 的工具。

因为，这是刻舟求剑，实际上事件 B 只是掩盖了事件 A 的痛，事件 A 制造的脓包并未得到治疗，只是被事件 B 光鲜的外表给掩盖了。

假若事件 B 涉及其他人，这个问题就更大了。因为，这个人被当作了弥补其他人留下的痛苦的工具，这对他是非常不公平的。

这不难理解，譬如，一旦你知道恋人是因为填补失恋留下的痛苦才和你在一起的，那么你会陷入痛苦中。

阿兰的父母正在做的事情就更糟糕，为了填补失去一个儿子的痛苦，他们想再要一个儿子。但是，这样做的话，只怕当他们看到小儿子的时候，很容易会忽略小儿子的真实存在，而是把他们以前的大儿子的音容笑貌和他们对大儿子的怀念投射到小儿子的头上。这样做的一个结果就是，小儿子慢慢变得似乎和大儿子一样了。

由此，两位老人心中的痛苦就得到了部分的安抚。但是，小儿子自己的自然成长就被破坏了，他没有自然地成为他自己，而是被塑造成了另外一个人，承担了自己不该承担的命运。

这是一种异化，是一种被扭曲的成长，他势必会出现一些心理问题，而且很可能是很严重的问题。因为，每个人都渴望成为自己，而不是被塑造成另外一个亲人，而且这个人还是横死的亲人。

创可贴式的爱会偷空你的心

此外，为了制造另一个儿子，你自己也将成为牺牲品，你不仅被渴望嫁给一个离过婚的男人，而且还被渴望将你未来的儿子送给父母做儿子。

这不仅会引出混乱的伦理问题，而且还会制造出新的伤害。波兰导演基耶斯洛夫斯基在他著名的影片《十诫》中讲了一个故事：

梅依卡出生时妈妈难产，结果妈妈从此以后不能再生育，而妈妈恰恰特别还想再要一个孩子，但这个愿望再也无法实现了，她因此一直抱怨梅依卡。

后来，梅依卡读中学时和老师谈恋爱，结果梅依卡怀孕了，在妈妈的强烈要求下，她生下了这个孩子，是个女儿。并且，妈妈对梅依卡说，你太年轻了，不如我先把她当女儿养，等你成熟了我再把女儿还你。

梅依卡长大了之后，她向妈妈要女儿，但却遭到了妈妈的拒绝。这不难理解，小女孩实现了梅依卡的妈妈压抑了那么多年的愿望，她怎么会舍得放开。不仅妈妈拒绝把女儿还给梅依卡，而且小女孩自己也不认梅依卡做妈妈。

最后，梅依卡带着被亲人偷空的心，孤单地离开了家。看最后的镜头，只怕失去女儿的寂寞会跟随她一生。

阿兰，讲这个故事给你，并非是说你的妈妈会像梅依卡的妈妈一样，而只是想提醒你，你真的能承受失去儿子的痛吗，哪怕儿子只不过是跟了你爸妈？假若你不能承受，而你爸妈又不想还，你能怎么做？

当然，随着你与那个离过婚的男人“分了手”，这个问题似乎不再是问题。但我还要提醒你，假若你的爸妈再做这样的考虑，你要坚决地拒绝，因为，你和孩子都不能成为创可贴式的爱的牺牲品。

纵然，你爸妈失去儿子的伤痛部分得到了填补。但是，将来你的孩子要做自己的冲动注定会遭到破坏，而你，也会陷入不公平的局面。

你拒绝那个男人，是不是你也渴望拒绝爸妈不合理的要求呢？你可以问问自己的内心，问问自己的感觉。

你在信中没有把这一点当作困惑来提问，但我有必要提醒你这一点，我自己想，你的潜意识一定对此感到很困惑。如果真有，请好好面对它。

意识上，困扰你的问题是你对那个男人感到内疚，甚至谴责自己对他太残忍。接下来，我来回答这个问题。

你的内疚从哪里来？

情感经常玩转移的游戏。就是说，本来某种情感是针对一个人的，但他没有得到满足，或者因为那个人我们没有办法给，于是，这个没有完成的情感很容易转移给另一个人。

阿兰，你自己也感受到对那个男子的内疚似乎是不正常的、令你很困惑的。

那么，你是否想过这种内疚是转嫁过来的，即你把对另一个男人的内疚转嫁到了他的身上？

最强烈的内疚，常常发生在亲人意外死亡后。这时，我们会想以前做过了哪些对不起他的事，于是很内疚；并且，我们还会想，假若我做了什么，他的偶然的命运就会被改变，也就不会死了，但我没有做，所以我应该为他的死负责，于是极其内疚。

弟弟遭遇车祸去世的时候，阿兰，你有没有内疚过？内疚情绪强不强？

如果内疚过，而且情绪很强，那么，你现在可能是把对死去的弟弟的内疚转移到这个离过婚的男人身上了。你对弟弟的内疚注定是不能完成的，你无从表达、无法宣泄、难以摆脱。于是，这种内疚很容易压抑在你内心深处，等遇到一个能让你发泄出来的人了，你就会表达出来。

这个离过婚的男人的某些地方让你想起了死去的弟弟，于是你对弟弟的内疚很轻易地就转移到他身上来了。

此外，我猜想，你父母，尤其是你父亲的一些想法和做法，很可能会加重你的内疚。

你的来信在谈到父母时，一直说“父母”，但这一句“爸爸非常渴望再要个儿子，并因此想让我嫁给这个离过婚的男人”，我感觉，失去你的弟弟后，你的爸爸比你妈妈更加痛苦。

那么，当你拒绝那个离过婚的男人时，也意味着你拒绝了爸爸。这样是不是也会令你很内疚？并且，这种内疚你也不是很明了，也没有向爸爸表达，也是藏在了潜意识中？

结果，你对弟弟和爸爸这两个男人的双重内疚，最后都转移到另一个男人身上了。

当然，这个男人本身也引起了你的同情。他对你诉说他的苦，你同情他。这很可能是因为，你同情弟弟和爸爸这两个你生命中最重要的男人，于是你很容易同情其他男人。你没有改变弟弟这个男人的命运，于是你很容易渴望去改变其他受苦的男人的命运。

由此，你甚至想嫁给那个男人算了，那样不仅他被拯救了，你的父母的愿望也被填补了。

只是，你自己和你未来可能的儿子却成了牺牲品。

化解悲剧的唯一道路是接受失去

为了治疗亲人的痛苦，我们很容易不惜牺牲自己。只是，阿兰，你这样的牺牲是不能真正帮助你的父母的。

从心理学的角度而言，治疗痛苦的唯一办法就是直面并接受人生悲剧。具体到你的家庭中，能帮你父母和你告别你的弟弟去世这个悲惨事实的唯一办法就是直面这个事实，彻底承认他的确已经去世了，这一点已无可挽回了。

这样做的时候，我们会无比悲伤，因为没有什么事情比突然失去至爱的亲人更痛苦了。悲伤的时候，我们会号啕大哭，会流下很多很多泪水。这种悲伤和泪水，就是治疗性的。直面现实时的悲伤和泪水，是唯一能让我们告别悲惨往事的办法。除此之外，别无他法。

我感觉，你的父母显然还没有接受你的弟弟已经死去的事实。或许，你的家中还有很多你弟弟的物品，还有很多东西是用来纪念他的，用来象征他还在你的家中活着。现在，你的父母渴望你为他们再生一个儿子，只是这种努力的继续而已。

如果真是这样，你现在要做的不是顺从父母的意思嫁给这个离过婚的男人，而且还要和他生一个儿子并过继给父母。相反，你是要帮助父母接受你的弟弟已经去世的事实，让他们完成与儿子彻底告别的仪式。

假若你做不到这一点，你父母拒绝接受你弟弟已去世的事实。那么，你就要自己做到这一点，起码要拒绝你父母想过继你儿子的要求，以免让你和

你未来可能的儿子做没必要的牺牲。

如果你想明白了这一切，或许你对那个离过婚的男人的内疚会自然消失。

如何与传销者谈话

一位朋友做了传销。“传销”是我的说法，他的说法是“直销”。

直销也罢，传销也罢，在我看来，它们赚钱的模式都是一样的——赚下线的钱。它们的核心也一样，那就是感情欺诈。发展下线时，优先考虑亲友；发展其他下线时，也尽可能走感情路线。最多算是境界不同，传销的产品，质量常常不怎么样；而直销的产品，质量常常还不错，但根本不值那个价格。

与传销者对话，关键是不要跟着他的话题走，一定要抓住最初的话题穷追猛打。

我和这位朋友最初的话题是，他觉得很累，我问他如何理解这份累。

结果他说，这个行业大有前景，全国拿到直销牌照的不到 30 家，排队等着拿直销牌照的又有多少家，渴望拿到直销牌照的达到多少万家。

我提醒他说，我们最初的话题是你觉得很累，你如何理解你这份累。

这次他说，做什么行业不累呢？做什么行业都要拼，不敢拼的人做什么都难以成功。

听他这么说，我感到头痛。头痛常意味着别人的意志对你的入侵。我想这可能就是他的上线对他洗脑的方式，用诡辩的方式打消他的疑虑。尽管他的身体譬如累和头痛会让他觉得这样不对劲，但逻辑上被对方牵着鼻子走。于是，赞同了对方的观点。

所以，我问他，你的这番话，什么行业大有前景，做什么行业都会辛苦，这是你的上线对你说过的话吧。

他吃了一惊，肯定了我的说法。

我说，这是诡辩，本来有一个看似很小的话题——你很累，这个话题继续谈下去会令你对传销有抵触，于是，先是你的上线，接着是你，用宏大的话题来躲避这个看似比较小的话题。在宏大的话题前，似乎你很累这件事再小不过了，于是你开始忽略你自己的感受。

但是，没有什么比你的身体的感受更重要。

先谈了这个话题后，我才开始谈那两个宏大的话题。第一个话题，这个我不知道，没什么好谈的。至于第二个话题——做什么行业都很累，这个我可是不赞同，因为我知道一旦是你自己渴望做某一个行业，你是不觉得怎么累的，即便累，也常常是很爽的那种累，而这位朋友的累，却有着强烈的不情愿。

譬如我自己，从未体会过什么叫工作压力，尽管也有玩命工作的时候。

最后我们谈到了他的产品。我说，直销、传销都有一个共同点，即产品根本不值那个价钱。

他说，怎么会？譬如我们的一种洗发水质量比一般的洗发水好，但价格明显要低。

我问，你们的核心产品呢？比方说那些所谓的高科技玩意儿。

他无言。

这也是直销的策略，将一些便宜的产品的价格定得比一般产品便宜，由此给自己树立一个虚假的名声——我们的东西价格定得很合理。

这也算是变形的诡辩术。

传销和直销在我们这个国家无处不在，学一点与传销者对话的策略说不定什么时候就用得着。

在与传销者对话时，一定不要跟着他的话题跑。如果谈到话题A，就一定谈到底。谈完了，再谈他引出的话题B。

诡辩者通常会使用这个逻辑，本来谈话题A，看看不利，引出话题B，看看不利，又引出话题C……

实际上，无论话题A、话题B，还是话题C，真谈下去，他们可能都会处于不利的地位。他们诡辩的特点就是快速变换话题。

对这种策略，你可以记住一个简单的精神——咬定青山不放松。

"走饭"之死与快乐王子的"铅心"

昨晚看了"走饭"的微博，看了她上百条留言，真是为她遗憾：如此有灵气的女孩，就这样走了。

她的幽默、她的忧伤，都有一种淡淡的味道，好像一切都不需着浓墨，就连死。

任何一个生命选择如此结束，都令人惋惜，而"走饭"的才气，更是让人痛惜。

见过婴儿心花怒放之笑，只觉成长格外悲凉。

这是“走饭”的一条微博，类似这样透着淡淡忧伤又颇有穿透力的句子，在她的微博中比比皆是。

一个网友的微博说：

日子一天一天过去，而你却离我越来越远。你就站在我眼前，可我的心却不停下坠。

“走饭”评论此微博说：

如同痔疮，坠在体外。

“走饭”这两条微博，有诗意，有凄凉，又有反媚俗，还有聪明，所以显得很有穿透力。

不过，这种才情，尤其是其中的那种幽默，是生无所恋后产生的一种智慧。恋，就放不开，而智慧就会被卡住。

她为何如此无所恋？或者说，为何如此抑郁乃至走向自杀？

要明白这一点，先谈谈关于抑郁症的一些知识。

抑郁症常源自两个方面：一是重大的丧失；二是压抑的愤怒。

对于绝大多数人而言，失去都会导致悲伤，重大的失去，如亲人离世或失恋等，会导致重大的悲伤。

本来，失去发生的第一时间所产生的悲伤与泪水是有治疗效果的，只要悲伤能在我们身体上自然流动，这份疗愈就会自然产生。

然而，我们的头脑认为，悲伤是太痛苦的情绪，于是会压抑悲伤，导致悲伤不能流动，最后卡在心里，卡在身体里，久而久之形成了所谓的抑郁。

并且，抑郁症的爆发，常是一个新的失去触发了过去的重大失去所造成的极大的悲伤。譬如，一次失恋触发了过去失去父母的悲伤，从而导致抑郁症爆发。

失去、悲伤、压抑……最终导致持续性的心境恶劣，这是一条很清晰的线，这个很容易理解。

相对不容易理解的是第二个原因——对愤怒的压抑导致了悲伤。

任何一种情形中，我们都面临着选择的问题：是按照自己的意志来，还是按照别人的意志来?

按照自己的意志，就会有一种自由感，所以存在主义说：我选择，我自由，我存在。

从天性上讲，没有谁愿意按照别人的意志来，但你可能被逼迫，被人要求按照他的意志来。

这样的时刻，你会有愤怒产生。

这样的时刻，你需要表达愤怒，捍卫自己的疆界，忠于你自己的存在。

若你没做到，你就是在失去你自己、背叛你自己。同时，愤怒还是产生了，但不能指向外界，转而指向了你自身。

愤怒指向自身的表现方式有很多种，譬如内疚、羞愧、自卑……这些东西日积月累，最终就会导致极度糟糕的心境。

压抑愤怒所伴随着的，是一个更为可怕的失去——丢失你自己。

失去你自己，总是慢慢发生的。尽管在重大选择上，你也会失去自己，但要命的是那一个又一个细节，每一个细节中你都不能做到忠于你自己的心，于是你的存在本身就被否定了。

我无选择，我无自由，我无存在。

读“走饭”的微博，你会感觉到一种无力感，这可以理解为，她觉得自己宛如不存在。

心是被什么拽住的，为什么感觉不到它的重量。如果我移植了一颗心，我会感受到它比之前的更轻还是更重呢？

“走饭”用自己的语言风格，表达了这种不存在感——“感觉不到心的重量”。

心，需要在一次又一次的选择与尝试中锤炼自己，不管是成功还是失败。只要是一次次自由意志的选择，心就会被滋养，就会生动而鲜明，而有“重量”。

“为什么感受不到它的重量”，“走饭”在另一篇微博中给出了答案，虽然她未必意识到这是答案：

我所能决定的大方向就是生与死，我所能决定的小方向是买哪款鞋，我其他的都靠别人和时间决定。也不知道能不能说我有主见，我认为不太能。

“我其他的都靠别人和时间决定。”“走饭”这句话，写出了她没有存在感的人生答案。

“不自由，毋宁死”，这是诗人的言语。存在主义哲学的言语则是“无选择，等于死”。

“走饭”的微博，触动了无数人的心。

之所以这么多人被触动，关键原因或许是，我们的文化一定程度上鼓励服从，鼓励丧失自我，而压制精神独立，所以太多人的心处于没有重量的状态中。

我读研究生时的同学徐凯文在北京大学做过许多次危机干预，干预对象是有自杀倾向的大学生。他说，先做到一点就可以将他们从死亡边缘拉回来。

这一点，他说是“‘打死’父母，孩子就可以活了”。

他的意思是，让父母在孩子面前承认自己的错误，这些孩子就可以暂时取消自杀的念头了。

为什么会有这样的效果？

因为，很多孩子的自杀倾向，看似是攻击指向自己，其实真相是，指向父母的愤怒被压制了。只要这愤怒能重新指向父母，对自己的攻击就会停止。

“走饭”的心中明显有强烈的愤怒，她的愤怒不能指向养育者。她的微博中有多篇留言，是站在父母的角度，攻击自己内在的小孩的，如：

现在拉扯大一个东西可真不容易啊，估计我只够格养个不说话的花花草草什么的，打下前一句话时我有些犹豫，因为我在想花花草草们的感受。

除了心理学，我们的世俗氛围、伦理学、哲学乃至政治都不会支持一个孩子对长辈表达愤怒，而只会要孩子感恩，最后孩子的愤怒很容易指向自己。

同时，与此相伴随的是，我们的文化一定程度上鼓励父母、老师与各色权威，控制孩子，剥夺孩子的选择权。

所以，我想说，切勿攻击“走饭”的长辈，这并非仅是一个家庭的悲剧，这是一个社会的悲剧。

这种悲剧，我们将越来越熟悉，因为孩子自由选择的空间会越来越少。

如果事情重来，如果我们有机会，如何可以拯救一个徘徊在自杀边缘的孩子？这可分为几个步骤：

一、让他明白，抑郁很可能是对愤怒的压抑；

二、帮他发现，愤怒从何而来；

三、学习表达愤怒，若愤怒果真主要是针对父母，而父母也愿意，让父母主动向孩子认错；

四、重新认识到父母对自己的爱、自己对父母的爱。

要最终的拯救，必须达到最后一步；若只是想化解自杀的动力，让他学会表达愤怒是最为关键的一步。

王尔德写过一则童话《快乐王子》，该王子浑身披着黄金叶片，两只眼睛是蓝宝石所做，剑柄上还有一枚硕大的红宝石。但他却让一只燕子将黄金、红宝石和蓝宝石等全送给穷人。

这则寓言有很多层寓意：

第一层：做好人很快乐，最后王子和燕子升了天堂；

第二层：做好人是为了逃避孤独，快乐王子很寂寞，他为了让燕子陪自己而不断让燕子为自己做事；

第三层：在做好事的过程中，王子和燕子爱上彼此，他们甘愿为对方而死，这种爱情很快乐，值得上天堂。

我的一位来访者还看到了另一层，他说，快乐王子的心是铅做的，而铅是黑色的。

这位来访者和快乐王子很像，和每一个自己喜欢的人交往，他都恨不得把最好的东西给对方。譬如，多次给一个朋友代买食物，朋友每次给的钱只够买10份，而他买了11份，多出来的一份是他用自己的钱买的，虽然当时他很穷。朋友怀疑他是用自己的钱买的，他说，不是的，是饭店买10送1的。

他还总想象着，自己哪一天有钱了，给所有的亲朋好友都送最贵重的礼物，譬如LV包等。

但他谈《快乐王子》这个故事时说，其实将自己装扮得闪闪发光，就是为了掩饰一个真相——自己有一颗黑心。

他的黑心里是巨大的愤怒，先是对父母的，尤其是对妈妈的愤怒，有时他脑海里会闪现一个念头——“弄死她”。每次这样的念头闪现，都会让他极度羞愧，也让他很恐惧。

除了对父母，他对别人也很小气，装大方后总是心疼。这种小气也让他讨厌自己。

并且，为了掩盖对父母的恐惧，他会对父母更好；为了掩盖小气，他会更大方。

他真正需要做的，不是更善良更大方，而是去认识他的心是如何黑起来的。实际上，只要将心的那一层黑——愤怒与仇恨化解掉，爱就能真正出来。

“既然死都不怕，还怕活着？”有人会用这样的问句来质问游走在自杀边缘的人，想以此来唤起他们活着的勇气。

然后，有的事情比死更可怕，那就是——自己不是个东西。

所以，直面愤怒可能先要跨过一点——对愤怒的羞愧。看到并化解这份羞愧，是释放愤怒的关键所在。

若“走饭”的文字深深地打动了你，甚至你觉得她写得好有道理，那么，很可能你需要好好去认识一下你内心的愤怒。

CHAPTER 4

不要内疚，这世界没有绝对的清白

*

内疚，是和谐关系的调节者，我们必须认识到这一点。假若你懂得接纳自己的内疚，并帮助对方接纳他的内疚，那么关系就会自然地流动，自然地走向和谐。

从承受内疚开始

一个和谐的关系，必然有丰富的付出与接受，你给予我物质和精神的爱，我接受；我给予你更多的物质和精神的爱，你也欣然接受，然后回予我更多……如果这个付出和接受的循环被破坏，关系也随即会向坏的方向发展。

并且，与我们的想象不同，爱的关系中，付出和接受的循环被破坏，很多时候不是因为不愿意给予，而是因为不愿意接受。

不愿意接受的原因也并不如我们想象中那么伟大，恰恰相反，是因为我们不愿意承受内疚。

对此，德国家庭治疗大师海灵格描绘说："我们付出的时候，就会觉得有权利，我们接受的时候，就会感到有义务。"

而且，只付出不接受的人，会有一种清白感，会觉得自己在这个关系中绝对问心无愧。这是一种很舒服的感觉，有这种感觉的人，会觉得自己在关系中永远正确。那么，相应地，关系的另一方就会觉得很不舒服，会频频感到内疚，会经常觉得问心有愧，即便他不明白付出者为什么那么喜欢付出，他最终一定会产生逃离的冲动。

一旦他真做出了逃离的举动，那个一直认为自己清白无辜的付出者就会觉得受到了莫大伤害，并且会激烈地指责逃离者的背叛举动，殊不知付出者自己才是破坏关系的始作俑者。

案例："完美太太"吓走丈夫

广州薇薇安心理医院的咨询师于东辉认同海灵格的观点，他说："清白感总是和负罪感联系在一起，一个和谐的人既有清白感也有负罪感。假如你没有一点儿负罪感，而只有清白感，那其实就是你把负罪感强加给其他人了，而那个被强加者一般都是你最亲密的人。"

于东辉的一个来访者丽娜的故事就是一个典型的例子。31 岁的丽娜是一家外企的高级管理人员，不仅事业一帆风顺，人也聪慧靓丽，且非常顾家，被大家视为标准的好妻子。

丽娜做公务员的丈夫罗峰也这么认为，他常说，丽娜是一个无可挑剔的好妻子。但他近一年来对妻子越来越疏远，最近提出了离婚，理由是他有了第三者。不过，丽娜很快了解到，那个所谓的第三者是子虚乌有的人，她其实只是罗峰一个很好的朋友而已。后来，在妻子的逼问之下，罗峰终于讲了实话，他说自己非常有压力。

丽娜一听，还以为是自己成功的事业给了丈夫压力，但罗峰否认了这一点，他说自己也不明白这种感受从哪里来的，但他就是难受，"可能是你太好了，对我太好，对我家人也太好，什么都好……我说不好，但就是对这一点不舒服。"

"我太好了，难道是一个罪过吗？"丽娜激动地对于东辉说，"我工作很紧张，还尽力去做一个尽职的好妻子，他也承认我没什么好挑剔的，那他为什么还这样对我？！”

她永远是问心无愧

丽娜想不明白，罗峰的家人也想不明白。他的父母知道儿子想离婚后，把他骂得狗血淋头。他妈妈说：“这么好的媳妇，别人打着灯笼都找不到，你却不知道珍惜，还想离婚，你脑子是糨糊做的啊！”

不仅父母，罗峰的哥哥和妹妹，还有其他亲朋好友也都站在丽娜的一边，要么声援丽娜，要么谴责罗峰，不少人则劝罗峰别离婚。

“你们起争端的时候，他的亲朋好友都站在你这一边吗？”于东辉问丽娜。

“是的，因为我对他们比罗峰对他们都好。”丽娜说。

“没有例外吗？”于东辉问。“很少，嗯，基本没有。”丽娜说。她略想了一会儿，然后坚定地说，“可以说，对这个家，我尽全力了，要是真走到离婚这一步，我也问心无愧！”

“在和其他人的重要关系中，你也问心无愧？”于东辉继续问。

“嗯，是的。”丽娜回答说，“对我的父母、他的父母、他的朋友，我都尽力做到最好。”

于东辉捕捉到了这句话中的问题，于是问：“你对人很好，他对人一般，那么是你的朋友多，还是他的朋友多？”

听到这个问题，丽娜有点吃惊，她呆坐在咨询室里，好一会儿才反问：“我没有多少朋友，他朋友很多。你是说，我人太好，不仅不受他欢迎，也不受别人欢迎吗？”这是问题的关键。

她把内疚转嫁给了丈夫

于东辉解释说，朋友关系和配偶关系一样，是相对平等的关系，是付出和接受相对平衡的关系。相反，亲子关系一般不是平等关系，要么是成年的父母向幼年的孩子多付出而少接受，要么是壮年的孩子向老迈的父母多付出而少接受，其他的亲人关系也常是不平衡的关系。所以，当丽娜一贯地扮演“付出者”的角色时，她在亲人中受到了欢迎，并被当作典范来看待。但是，因为她习惯性地拒绝接受，所以在讲究平衡的配偶和朋友关系中遭遇到了挫折，对于她这样的“付出者”，她的朋友和她的丈夫罗峰一样，都有点想避而远之。

从理智上看，这种避而远之看上去好像不合常理，毕竟作为“接受者”，从利益上来说是获益者，为什么朋友和丈夫都逃避丽娜呢？但如果从情感上去分析，这种逃避就不难理解了。

从情感上看，单纯的“付出者”其实并不伟大，他们不计得失的付出，从根本上来说是一种自恋。“付出者”过分地追求“问心无愧”，过分地迷恋清白感。然而，不管多么努力地付出，一个人仍然会在关系中犯错，会不可避免地伤害关系中的另一方，或对另一方总有亏欠。当伤害和亏欠发生时，总会产生或轻或重的内疚感，单纯的“付出者”其实很惧怕这种内疚感，他要求自己绝对不要有内疚感，于是非常努力地去做一个“完美的付出者”，那样他就问心无愧了。只不过，这种内疚感并没有因此在关系中消失，它其实是被“付出者”在有意无意中强加到“接受者”身上了。

简单而言，“付出者”其实在享受这种逻辑：既然我是付出的一方，那么我们的关系无论出现什么问题都是你的错。

明白了这一点，就不难理解丽娜的丈夫和朋友为什么要逃避丽娜了。

分析：逃避内疚的两个模式

内疚，是和谐关系的调节者，我们必须认识到这一点。

内疚的产生，源自付出与接受的失衡。内疚的产生，其实是在提醒你，你该补偿对方了。我们要懂得这一点，懂得觉察自己的内疚，然后及时做出补偿。同样，当对方产生内疚时，我们也要给对方机会，让对方完成他的补偿。

在关系中扮演一个单纯的付出者，其实是拒绝对方的补偿，从而破坏了对方化解自己内疚的努力。结果，内疚不断在对方心中郁积，最终这内疚成为一种愤怒，让他产生了想逃离这个关系的冲动。这正是罗峰为什么想离开“无可挑剔的妻子”的缘故。

作为一种最基本的情感，内疚是大自然的馈赠，它在提醒我们，你的一个关系需要调整了。假若你懂得接纳自己的内疚，并帮助对方接纳他的内疚，那么关系就会自然地流动，自然地走向和谐。

许许多多的“好人”不懂得这一点，他们不喜欢“问心有愧”的感受，企图彻底消除自己的内疚感。而消除的模式可以分成两类：禁欲、助人。禁欲是禁止自己接受别人的付出，而助人则是只付出不接受，丽娜无疑属于后者。

禁欲者的模式

对于“禁欲者”，海灵格有很精彩的描绘：

某些人用最小的方式参与生命，坚持清白无辜的幻想。不是全数地接受他们需要的东西并为此表示感激，而是封闭自己，节食禁欲。他们觉得这样可以摆脱需求和义务，因此他们没有需求，不需要接受。他们洁身自爱，因此经常把自己想象成高人一等或与众不同的人。生活给他们带来的快乐也仅仅限于蜻蜓点水而已，相比较而言他们会感觉到空虚和不足。

海灵格认为，很多消极的人，持有的正是这种人生态度。通常，一开始是父母警告他们不要接受别人的馈赠，最终他们自己坚持了这种人生态度，并一直固守着被动和空虚。

金庸的小说《侠客行》中的主人公石破天，小时候就是一个“禁欲者”。他被母亲的情敌偷走，并一直以为这个女人就是自己的妈妈，而这个“妈妈”向他灌输了“禁欲”的观念，要求他不得接受任何馈赠。在小说中，这种人生态度曾让他逃脱危机，但在现实中，这种人生态度会让我们无比孤独，我们拒绝一个人的付出，其实也就是在拒绝与这个人建立关系。如果我们拒绝所有人的付出，那无疑就是在拒绝与所有人建立关系。

关系，是一个生命的核心因素，是我们痛苦的主要来源，也是我们幸福的主要来源，总之是让我们人生丰富多彩的主要来源。禁欲者拒绝了关系，其实也就拒绝了生命。

助人的模式

在关系中，禁欲者是单纯拒绝接受别人的付出，助人者则是疯狂付出，他们的付出是如此之高，以至于他们的接受仿佛就不值一提了。

正常的人不会喜欢这样的助人者，因为你假若和他建立了关系，那么，你常会在这个关系中感到，你的付出是不值一提的，而接下来的结论就是，你也是不值一提的。正常的人不会喜欢这种感受。

并且，因为我们总是对付出抱有敬意，所以尽管我们不喜欢“我的付出不值一提”的感受，但我们难免会对疯狂的付出者产生敬意。这种敬意就化为了助人者的一种权力感，产生了这种权力感的助人者会严重地“问心无愧”，在他巨大的付出面前，其他人都没了说三道四的资格。这就是“助人者”所追求的境界，也是很多理想主义者的人生哲学，但其核心逻辑——“与其让我欠你的情，不如让你欠我的情”——远不是多么伟大，相反是一种幼稚的逻辑。

对于这种助人者，海灵格描绘道：

> 这种人以自我为中心，抛弃需求……从根本上讲他们是和关系对着干的。无论谁只想付出而不想接受，都不过是想维持高高在上的幻想，拒绝接受生命的施舍，否认自己和同伴之间的平等。别人很快不想从拒绝接受的人那里得到任何东西了，反而会怨恨他们，远离他们。因此，长期的助人者常常是孤独的，最终变得痛苦不堪。

丽娜正是如此，她一方面疯狂付出，另一方面则对丈夫缺乏敬意。表面上，她对丈夫很尊重，但实际上她对丈夫缺乏感激，疯狂付出的行为下面其实隐藏着对丈夫的不满，她内心深处对丈夫是有很多抱怨的。

和其他助人者一样，丽娜之所以成为一个疯狂的“付出者”，其实是在极力地逃避内疚感。原来，她刚出生不久，她的一个大她几岁的哥哥就去世了，结果她的家人认为是丽娜“克死”了她的小哥哥。等丽娜懂事后，家人很爱她，所以没有把这种观点鲜明地说出来，但丽娜和所有的小孩子一样，能敏锐地捕捉到家人的这种逻辑，并由此产生了深深的内疚。但是，这种沉重的内疚是幼小的丽娜所不能承受的，于是，她很小就变成了一个特别努力、对家人特别好的孩子，目的是通过疯狂的付出化解命运的沉重压力。

在她的新家庭中，她也是如此，她不容许自己在和丈夫的关系中有内疚产生，因为一个轻微的内疚会激发她潜意识深处强烈的内疚，这太难受了，所以她拼命逃避。

丽娜已经彻底忘记了她有过一个死去的小哥哥的事实，她是在接受于东辉的治疗时，在半催眠状态下发现自己脑海里有一个四五岁的小男孩的形象，而那形象一出现就令她非常压抑、非常难受。后来，她去问了父母，才知道死去的小哥哥的事实，也才知道父母及其他亲人的确曾认为是她“克死”了哥哥。

幼小的她无法辨别真相，也不能承受这个压力，但成年的丽娜已具备了这些能力。所以，当明白自己一直逃避内疚之后，她也就明白了她和丈夫的关系中的问题，并由此懂得付出和接受的平衡才是关系的和谐之道。

启示：放弃绝对的清白感

海灵格称，最好的关系是彼此慷慨地付出和坦然地接受，通过这种交换，双方的接受和付出达成了一种平衡，且彼此都感到自己在这个关系中富有价值。

他强调：“少量的付出和接受并不会带来多大的好处，大量的才会让我们变得富有。”

不过，这是完美状态，在具体的关系里，平衡只是目标，而失衡才是常态。轻微失衡没有关系，但一旦发生严重失衡，内疚也会随之产生，你觉知到内疚，也就觉知到关系到了必须调整的地步。

不要因此就惧怕失衡。惧怕失衡是“禁欲者”的哲学，他们因为惧怕这一点，干脆就不接受别人的付出，而自己也很少付出。实际上，正是因为失衡，我们才会发展出有意义的交换。假若关系永远停留在一个平衡的地步，那么这个关系也就该结束了。

关系有爱的失衡，那要用更多的爱去平衡。另一方付出多了，你感受到了，于是，你付出更多；他感受到了，于是付出比你还多。于是，你们的关系前进了，且不会再停留。

关系还有恨的失衡。关系犹如一个生命，有出生有死亡，有高潮有低谷，关系中必然有相互伤害，如两人的确不合适，关系还会走向结束。

固守清白感，关系就不可改进

这种情形一旦发生，我们就得尊重它，并听从自己天然的情绪，被伤害者要给予加害者适度的报复，以防止关系滑向更坏的方向。

很多被伤害者拒绝这样做，因为他们认为报复意味着自己和加害者是一丘之貉了，一旦实施了报复，自己也会产生内疚感，并不再是清白无辜了。

但是，如果你希望和加害者的亲密关系继续下去，报复就很有价值，因为相爱就意味着“我们是一丘之貉”。对此，海灵格描绘说：“除非让清白无辜的人变得身负罪责，否则能让爱丰富流动的调解就不可能出现……当受伤的一方感觉到高高在上，而不能弯下腰来根据爱的需要回以适当的报复时，就会面临这样困难的处境。在婚外情事件发生之后，如果伴侣一方顽固地要保持自己的清白感，得理不饶人，就不可能调解成功。”

在《谁在我家》这本书中，作者举了这样一个例子：

一个人告诉朋友，他的妻子埋怨了他20年。他说，在结婚后没几天，父母就要求他用6个星期的假期来陪他们，因为父母要他开他们的新车。他跟着父母去了，把妻子撇在一边。回来之后，他再解释、再道歉也没有用。

朋友建议他："告诉她，她可以选择一些事情或者自己做一些事情，让大家扯平。"

那人笑了，他知道解决问题的关键了。

这个妻子以受害者自居，这严重伤害了关系。假若她回以丈夫适当的报复，那么负罪感也会因报复而生，她随即与丈夫重新处于一个平等地位，而关系也得以修补。

你不报复，其他人会替你报复

不过，处理恨的失衡与处理爱的失衡大不一样。处理后者，付出要比接受多；处理前者，报复要比接受轻。相同的是，都不要完全相等，因为那时就没有一种失衡把他们维系到一起了。

在一个爱的系统中，这样做是非常重要的。因为，假若被伤害者不去为自己争取公平，那么系统中的其他人就会这么做，替他争取公平。最常见的是，母亲被父亲伤害，母亲不去争取公平，而是甘愿扮演一个受害者，那么孩子们就会帮母亲去争取公平，他们自发地站在母亲一边，与父亲对峙。但是，这样做对孩子们的伤害极大，他们负起了本不属于自己的责任，最终导致他们把这种关系也复制到了自己的新家庭中。

在其他的系统中也常有这种情形发生。所以，一些受害者甘愿以受害者自居，最多只是抱怨，却从不实施报复或奋起反抗，因为总有人帮他们去争取公平。从这一点上看，受害者的"清白无辜感"更谈不上伟大。

当一个关系即将走向死亡时，带来的内疚感会更强烈，这时候如果一味扮演清白无辜的角色，会有更奇特的事情发生。

容纳轻微的内疚感

譬如，一个女孩老梦到男友屡有新欢，但男友其实对她忠心耿耿。原来，是她想和男友分手，但她不愿意承担主动结束这个关系的责任，因为那会带来很强烈的负罪感。她为了逃避这种感受，于是一直忍着不对男友提分手，相反她希望男友最好找个第三者，那样的话分手就不是她的责任而是男友的责任了。

并且，她还将以受害者自居，理直气壮地声讨男友。这样一来，她就把自己的负罪感彻底转嫁到男友身上了。假若她男友一直不提分手，也不犯任何错误，那么，她很可能会为了这种清白感而一直将这个将成毒药的关系继续下去，哪怕是一辈子。

如果认真观察你周围的世界，你一定会发现，太多的人因为固守这种清白无辜感，而摧毁了自己的人生。

所以，即便结束一个极其糟糕的关系，也会产生内疚感。

不过，这个时候的内疚感有更深远的意义。这种内疚告诉你，不管对方错得多么离谱，他也不能负担破坏这个关系的全部责任，你也一定有责任。你不必追求彻底没有罪责的境地，从而为了一点儿轻微的内疚感而拒绝做出好的决定。因为没有罪责是神的境地，不是凡人的境地。

作为一个凡人，你需明白事情永远是有两面性的，在一个关系中，对方永远有责任，你也永远有责任。

你的欲望不是罪

好人，势必有一个特点——牺牲自己的需要。

坏人，势必有一个特点——纵容自己的需要。

好人与坏人，就这样构成了一个奇妙的平衡。

朋友 M 过生日，看着别人给他送来的种种礼物，他突然间发觉，已经有两年多他没有送过任何人生日礼物了。

他对我说，他是记得亲朋好友的生日。但是，他不管如何叮嘱自己，最后总是将别人的生日礼物忘掉。最后他发现，他心中有一股强大的不情愿。

仅从这一点看来，M 应该是一个非常自私的人。

但事实恰恰相反，在家人和朋友圈子里，M 都是一个难得的好人。他对朋友是有求必应。至于家人，他几乎是将全家人扛在自己肩上，除了好好照顾自己的小家外，他对自己的父母和兄弟姐妹都承担了太多的责任。

我为什么会成这个样子？ M 问我。发现自己竟然如此自私，M 有一点儿崩溃的感觉。

我说，这很简单，你总是在满足别人的需要，但是你从不滋养你自己，你正在干枯。

甚至，你一直以来也期待着别人的回馈，但好像你期待的回馈一直没来，于是你绝望，不想再这样付出下去了。

M 听了深有感触，他又问，我该怎么办？

我说，看看你的内心吧，看看你的内在想要什么。

我让他坐得端正一些，放松身体，做几个深呼吸。在他身体放松下来后，我请他很慢很慢地、带着充分的感觉说：“我……最……想……要……

的……是……”

在他说的时候，我也跟着用相同节奏的语气，并好像用全部注意力在跟随他一同说：“你……最……想……要……的……是……”

一开始，M 还是用比较快的语速说，但在我的引导下，他的语速逐渐慢了下来，放松但又全神贯注地说：“我……最……想……要……的……是……”

当他说出一个隐藏得很深甚至他完全都不知道的愿望时，他泪如雨下。

做完这个练习后，他说，他知道他想要的是什么了，接下来，他会去满足自己的需要，去滋养他自己。

行恶之后的暴力，是为了转嫁罪恶感

M 的故事，深深地触动了我。我想到了一系列的故事、一系列的问题，最后豁然开朗，有了一个很深的领悟：

或许，人性的一切问题都可以回到一个支点上——如何看待需要。

最好是成为一个开悟的人，看破并放下一切欲望。

但是，作为凡人，我们戒除不掉需要，并围绕着需要产生了这样一个矛盾的心理：

一、需要是有罪的；

二、我有需要。

所谓的坏人或小人，似乎没有了第一部分，只剩下“我有需要”。因而，他们在追求需要时没有任何的愧疚感，更不用说什么罪恶感。

有时，这一需要是饮食男女躲不开的需要；有时，这一需要是一种没有实际价值而只是让自己感觉很爽的需要。

现在曝出的很多恶性新闻事件中，为非作歹者都是这种心理在作祟，觉得将别人踩在自己脚底下、别人丝毫不能反抗的感觉很爽。

他们作恶到这种份儿上，让需要被满足显得尤其邪恶。但在我看来，他们之所以陷入这种邪恶的地步，是因为他们想彻底灭掉“需要是有罪的”这种不好的感觉。

但是，他们真的是有罪的，他们真的会有内疚感，这种内疚感会让他们不舒服，那他们怎么办？

内疚是对自己的攻击，当他们想完全消灭掉这种自我攻击时，他们就将其变成了向外的攻击。他们越是拼命满足自己的需要，罪恶感就越强，这时他们对别人的攻击性就越强。

但请记住，这种攻击性既是一种自恋，也是一种罪恶感向外的投射。

这种罪恶感投射到顶峰，他们会信奉一种强权逻辑——“你这么弱，你活该被我利用”。更严重的时候，坏人剥削、伤害了好人后，还要将好人杀死，因为坏人觉得“你如此软弱、你如此笨蛋，你该死”。

最近我正在看纪实小说《国殇》，讲的是抗战时期国民党军队如何抗战的。书中转载了一个日本士兵详尽的回忆录，细致地描绘了他是如何从一个有些胆怯的男人变成恶魔般的杀人机器的，从中可以清晰地看到，当他试着将自己的罪恶感消灭时，他会变得更邪恶。

著名小说《追风筝的人》中，也写了这样一个故事，当男主人公阿米尔想消灭自己对仆人哈桑的愧疚时，他也逐渐沦为恶魔。

好人父母或许会培养出坏蛋孩子

至于好人，似乎没有了第二部分“我有需要”，而只剩下第一部分“需要是有罪的”。

譬如，杨丽娟的父亲杨勤冀，他好像是一个没有任何需要的人，当别人试着满足一下他最基本的需要时，他都会拒绝。他去最好的朋友家，他宁愿蹲在地上，别说沙发，甚至朋友给他一个小板凳，他都要拒绝。

但是，人不是真的什么都不需要，哪怕像杨勤冀这种级别的超级好人，他也仍然会有需要，并且他会用巧妙的方式来满足自己的需要。

什么方式呢？就是通过满足别人，尤其是自己最亲近的人。

所以，杨勤冀这个似乎没有任何需要的父亲，有了一个为达到目的而不罢休的女儿。

杨勤冀这样的故事看起来是极端的，似乎不多。但其实，类似这样的故事在我们国家比比皆是。

譬如，一个对自己苛刻且节俭的妈妈带女儿去超市，说，挑吧，你想吃什么咱们就买什么。

女儿很高兴，挑了一些自己喜欢的零食。

接下来，妈妈又特意挑了一些更昂贵的。

然而，回到家后，妈妈突然觉得女儿吃零食的样子很贪婪，于是歇斯底里地爆发了："你知不知道我们家日子多难过，你为什么这么贪婪？！"

这是一个真实的故事。

豆瓣某小组中，一个网友讲了一个更恐怖的故事。一次，她拒绝了妈妈给她买的衣服，结果妈妈"爆炸"了，她大喊："你还不如去吸毒，吸毒的话你还会知道需要我的钱。"

在这三个例子中，父母们都是没有什么需要的人，而且他们都想过度地满足孩子的需要，以此来释放自己潜意识中隐藏着的蠢蠢欲动的需要，然后又将"需要是有罪的"这种负罪感转移到儿女身上。

大学的时候，我喜欢上一个女孩，觉得她值得拥有最好的一切，我甚至想象自己挣很多钱，让她吃最好的、穿最好的、用最好的……但同时，我又觉得她是一个"坏女孩"。

我是一个好人，好人其实很多时候蛮卑鄙的。

因为对自己有这样的洞察，我至少在咨询中对“坏人”们会有很深的理解与接受。

有时候，亲密关系中的“坏人”真的是极度可怜的。

一个女孩对我说，她自私自利，这是一个准确的自我评价。我问她，如果最自私自利是 10 分，你的自私自利是几分？

她说，9.5 分。

我又问她，你父母的无私程度是几分？

她说，一个 9 分，一个 8.5 分。

我对她有很深的了解，因而对她有很深的同情。她的父母童年时没有得到什么关爱，也就是说，他们的需要没有机会得到满足。后来，他们严重压抑了自己的需要，他们还将这种压抑神圣化，觉得这样自己就是一个好人。同时，这种心理的另一面就是，那些需要得到充分满足的人就是坏人。

有了女儿后，他们被压抑的需要通过极度满足女儿而释放，但他们又将“需要是有罪的”这种心理投射到女儿身上。如此一来，女儿就背负了非常沉重的负罪感，她说自己自私自利时，看起来像是无所谓，这其实和阿米尔的心理是一样的，她不允许自己内心的负罪感涌出，因为负罪感太多太重，一旦涌出就犹如河堤崩溃。

为什么“坏”了才能有性爱

中国古话说“饮食男女”，这是两个最基本的需要。如果说，饮食的需要是有罪的，那么性的需要就更是如此了。围绕着性，我们的内心、家庭、文化乃至全球每一个角落都有种种或显露的或隐蔽的罪恶感。

这种罪恶感，在基督教中被称为“原罪”。《圣经》中，亚当和夏娃一开始是蒙昧而幸福的，他们的身心都在伊甸园中，但当他们吃了蛇给他们的智慧果，他们开始有了性意识，并因而感到羞愧，要把自己的性部位给遮蔽起来。上帝看到他们这样做，知道他们触犯了原罪，于是将他们逐出了伊甸园。

这个故事有很普遍的寓意，这种寓意其实藏在我们每一个家庭中。关于这一点，以后我将在多篇文章中进行细致的分析。

但不管我们怎么觉得性有罪，性的需要仍和饮食的需要一样难以戒除。

甚至，男女的需要一旦泛滥起来，那比饮食需要被过度满足的状况还要可怕得多。

那么，怎么办？

最好的一个办法是，我压抑我的性需要，但我勾引你的性需要，你因而来求我，我也顺带着得到满足了，但我却在事后说，你是坏蛋！

在一些电影中，看似君子的“岳不群”们找了妓女后，会狠狠地折磨她们，甚至虐杀她们，就是这种心理。

那些专门杀妓女的连环杀手，也是这样的心理。他们认为：不是我有性需要，而是你们这些贱人勾引出了我的需要，你们有罪，你们去死。

这是极端的表现，在生活中不多见，但一般程度的表现却比比皆是。

我读研究生时，一天突然间从脑海里蹦出了一个对调情的定义：

调情，即两个人不动声色地调动彼此的情欲，而自己不为所动，谁先动了情欲，谁就输了。

我一个朋友常流连于风月场所，听到这个定义后，他大笑说，是啊是啊，就是这么回事。

我这位朋友还好，他知道他和女人都在玩游戏，试着唤起彼此的情欲，而尽管他要显得总是比女人先动了情欲，但他并不因此觉得女人们有罪，他反而会觉得那样的女人很可爱。

然而，男人一旦失去了对这一点的觉知，而认为是女人唤起了他们罪恶的情欲，那么，男人就可能会通过阉割女人的性感知能力来消灭女人的情欲。

在这种文化下，性是有罪的，性的罪太重了，自己承受不了，所以要把这种负罪感转移到别人身上。这种转移的游戏到处都是，但是，要想淋漓尽致地转嫁的话，就需要一边是彻底的强势，而另一边是彻底的弱势。

于是，在极端的男权社会，才对女孩进行割礼。

于是，在严重的权力失衡情况下，一个官员才可以毫无道理地将车冲向与自己无冤无仇的人们。

然而，他们越是这样做，罪恶感在心中累积得越厉害。因而，他们就越想转嫁自己的罪恶感，于是这种暴虐就不断升级。

完美的状况是消除性，但这不现实，现实的关键是，认识围绕着性而产生的负罪感。

彼此满足需要，但又不被需要限制

在男权社会，当男人们渴求女人清纯时，女人们就有了矛盾的心理，男人将她们视为性对象，但男人又希望她们彻底没有性欲，最好永远是纯洁的。

因而，女人就要表现得是清纯的，甚至连自己都不知道自己还是有性欲的。

我一个朋友领悟到这一点了，她说，她一直喜欢坏男人，原因是坏男人会不顾她的抗议，而有点强硬地和她发生性关系，这其实是她想要的。

这样的男人，不仅可以帮助她释放被压抑的性需要，还可以让她方便地投射围绕着性的罪恶感。每当她说你是坏蛋时，坏蛋会说：“我就是坏，你怎么着？”

但好男人不同，好男人也要压抑性欲，也要消除罪恶感。于是，当她表达抗议时，本来已经有点“坏”的男人真的会变成好男人。有时，好男人会控制不住地有一点儿硬来。但事后，好男人会很愧疚，他们不仅会道歉，以后也真的会变得更加“好”。

如此一来，女人就无法顺利地转移自己的负罪感了，而且她也得跟着压抑自己的性需要。这时，她的心中会有一声叹息。

对于我们凡人而言，我们真的需要学习，看到自己围绕着需要而建立起来的负罪感，然后带着负罪感在一定程度上满足自己的需要。甚至，当既不伤害自己也不伤害别人的时候，可以放肆地去满足自己的需要。

在人际关系中，需要的满足最好是平衡的，你可以付出，你也可以索取；我可以从你那里得到一些满足，我也可以去满足你。

这时，需要或者说能量是流动的，我的心得到滋养，你的心也得到滋养，这个关系也得到了滋养。

M 的人际关系是严重失衡的，他只给而不要，这样一来，他的需要得不到满足，而对方又会产生负罪感。最后，他会成为孤家寡人，不管他多么能够继续满足别人的需要，别人都会有点不敢和他来往。毕竟，需要很重要，负罪感也一样重要，谁都不想成为罪人。

不过，更进一步来说，将人际关系建立在满足彼此需要上，这的确是形而下的境界。

心理学说，关系就是一切。犹太哲学家马丁·布伯则说，关系有两种，一种是我与你，一种是我与它。

当我将你视为满足我的需要的工具与对象时，这一关系就是我与它。

当我没有任何期待与目的，而是带着我的全部存在与你的全部存在相遇时，这一刻的关系就是我与你。

刚刚，有快递员给我家送了一份快递，我收了快递后说了一声“谢谢”。他走之后，我回忆时发现，尽管事情是刚刚发生的，但他的样子已然非常模糊。

因为，我和他没有相遇。

对我而言，见面那一刻，他就是一个“快递员”，满足了我正在进行的一种需要。如此一来，我就没有拿出我的全部存在去碰触他，于是他对我而言就是很模糊了。

同样地，可以推断，对他而言，我也只是一个客户，满足了他工作的一种需要，他也没有拿出他的全部存在去碰触我。

想到这一点后，我看着我最心爱的阿白（我家养的加菲猫），那一刻，我突然明白，尽管它对我而言是很清晰的，但我与它仍然是以一种需要与被需要的方式来建立关系的。对我而言，我喜欢它的可爱，于是它一直扮演可爱与我打交道。

那一刻，我忽然间好像穿透了一切，看到了阿白的全部存在。

很有趣的是，在接下来的一段时间里，阿白与我形影不离，我走到哪儿它跟到哪儿，而这时我们彼此之间是没有任何需要的。之前，这种形影不离只发生在它需要我时。

我也想起一次在飞机上遇到的一个帅哥，他的形象至今还在我脑海中无比鲜明。我清晰地记得，他和任何一个人打招呼时都是全神贯注的，他的眼睛会全然真诚地看着你。先看到他与空姐打招呼时，我想，哦，这小子，估计什么样的女孩都可以追到手。

接下来，当他也这样看我时，我明白，这不是他人际交往的一种技巧，而真的是一种境界。

也许我们认为需要是有罪的。

所以，我们想戒除需要。并且，你会看到，需要总是与被需要在一起，它们势必在关系中呈现。

那么，是不是当我是孤家寡人时这个罪就可以没有了？

所以，很多想开悟的人会斩断关系，独自一人待着。

这是一条路。然而，当境界不到时，独自一人待着至少会受到两个严峻的挑战：一个是饮食，一个是男女。对于严格执行断食的人，饥饿感甚至会让胃液变得贪婪而吞噬掉自己的内脏，性的欲火也可以让一个人走火入魔。

在我看来，孤家寡人常常是一种奢望，而需要或欲望总是逼迫着你去建立关系，在人际关系中寻到一条路。

这也是心理学的魅力所在，现代心理学将着眼点集中在人际关系与需要这两个主题上，并表示，关键不是消灭欲望，而是接受欲望，并看到围绕着欲望而产生的负罪感，从这种负罪感中走出来。

那时，我们还是有欲望的，但我们将不会用破坏的方式去追求欲望。

实际上，我们之所以用疯狂的方式表达欲望，恰恰是因为我们自己觉得这是有罪的。

自卑，只是因为缺乏爱

一个人想与你建立什么样的关系模式，这反映了他的内心。

一个人能与你建立什么样的关系模式，也是由你决定的。

经过上一节的分析，本章第一节和第二节，假如完整表达，可以换成以上两句话。

说起来，人其实有些可怜，我们常以自己的主观意识决定我们的行为，但实际上，我们在与别人交往时，多数时候不过是在重复小时候我们与父母等亲人打交道的方式而已。并且，这种重复真的会一一对应，非常具体。

我曾谈到性格是“内在父母与内在小孩的关系模式”，其实这只是基本说法。完整的说法是，性格浓缩着我们童年的一切人际关系。尽管主要是我们与父母的关系模式，但也有我们与兄弟姐妹、我们与爷爷奶奶、我们与姥姥姥爷、我们与其他亲人乃至我们与宠物的关系模式。

例如，你可能与男性老师的关系不好，但却与女性老师的关系不错。那么你想想，你是不是与父亲的关系不好，而与母亲的关系不错？

如果答案是肯定的，可以说，你是将“内在父亲”投射到了男老师身上，结果你在与这位男老师相处时就重演了你与父亲的关系模式。

例如，你可能与男性老师关系不好，但你与男同学的关系不错。那么，你是不是与父亲的关系不好，而与兄弟的关系不错？

例如，你可能与女同学关系不好，但与女老师的关系不错。那么，你是不是与姐妹存在着强烈的竞争关系，而你却独占了妈妈的宠爱？

……

一次，我作为评委在一个电视台参加一个选秀活动，一位做 DJ 的女选手唱了一首歌，很专业、很好听。选秀活动结束后，我正与她聊天，这时一个十来岁的小女孩跑过来，很崇拜地仰望这位美女说：“姐姐，你长得真漂亮。”

这位美女摸了摸小女孩的头说：“小妹妹，你也长得好可爱。”但她接着用手指着小女孩的鼻子说，“咦，你这儿怎么有个雀斑啊？”

小女孩听了这句话明显很受伤，跑了。

这位美女作为一个大女孩挑剔小女孩的长相，就构建了一个“我这个大女孩比你这个小女孩漂亮”的人际关系模式，那么可以推断，这个美女的内心有一个相应的内在关系模式，譬如，很可能她家里有一个妹妹或姐姐，而她与妹妹或姐姐存在着相貌竞争的关系。

并且，我还发现，这位美女和比自己年长的女性也不能很好地相处，那么也可以推断，这位美女和自己妈妈的关系也不怎么样。

但是，我与她相处感觉很舒服，那么可以推断，她小时候与家里男性的关系尚可。

按说，这个大女孩相貌漂亮，歌唱得很专业，她应该很自信才对，但她却如此失控地去挑剔崇拜她的小女孩的相貌，让小女孩感觉自卑而跑掉，那么我们可以推断，这个女孩应该很自卑。

什么叫自卑呢？如果说自信是“内在的小孩对获得内在的父母的爱充满信心”，那么自卑就是“内在的小孩对获得内在的父母的爱没有信心”。

自卑与自信，其实是由我们小时候获得的爱的多少所决定的。如果从父母那里获得了足够多的爱，那么不管一个人的外在条件如何，他都会很自信。

相反，如果从父母那里没有获得多少爱，甚至相反，是被蔑视、被伤害，甚至被虐待，那么不管一个人的外在条件如何，他都会很自卑。

所以，不要被一个人的外在所迷惑。

作为男孩，假若你以后想追求一个条件优秀的女孩，你不要以为她条件如此优秀，所以她会很自信，所以她会很难追，你要先看看她的童年，了解一下她的家庭背景。

同样地，作为女孩，如果你想追求一个条件卓越的男孩，你也不要以为他会很自信所以很难追，你也要去看看他的童年。

通常而言，童年得到的爱越多，一个人就越是难追。这样的人会相信自己的感觉，凭感觉去找到适合自己的人。如果他觉得你是他想要的，那他可能很快接纳你；如果不是，那么可能无论你怎么努力，都是没有用的。

相对而言，童年得到的爱越少，一个人就越容易追。只要你对他很好，他就很容易感动，而暂时接纳你。不过，他是一开始容易追到，但以后会很难相处，因为他会过于敏感。

如果你是一个很自卑的人，你可以回溯一下自己的童年，弄清楚这是如何形成的。明白自卑是源自缺乏爱后，你才有可能真正突破自卑，而走向自我接纳。

心灵成长书吧：《女心理师》

作者：毕淑敏

启迪性：4.0 分　易读性：5.0 分　趣味性：5.0 分　推荐度：4.5 分

推荐理由：

读过无数小说，也听过无数真实的故事。比较这两者后，我得出了一个结论：

现实总比小说更离奇。

这个结论，在毕淑敏出版的小说《女心理师》（上）一书中得到了很好的阐释。

仅从情节而言，作者凭借其想象力，虚构出了现实生活中所不曾存在过的离奇故事。然而，从人性而言，小说里人性的离奇永远超不过真实故事中的离奇。

由此，尽管《女心理师》的故事情节堪称离奇，但我却很少感到惊奇，因为我已知道，总有比这更离奇的，而这一切离奇都是合理的。

毕淑敏在这部小说中描绘了这样一个故事：

一个优雅的老太太得了癌症，即将不久于人世，但她临死前最牵挂的，不是已逝的老伴儿，不是孩子们，也不是什么秘密，而是 101 个洋娃娃。

这个“有一点儿像伊丽莎白女王”的老太太做了一辈子的女强人，安排过许许多多人的命运，但她却不知该如何安排这101个洋娃娃的命运，是留给自己的儿女呢，还是捐到幼儿园去，或者和她的尸身一道火化……

这是一个鬼魅的故事，这鬼魅袭击了小说的主人公、女心理师贺顿，当她听到那101个洋娃娃时，被吓着了；当她听到老太太说把这101个洋娃娃和她的尸身一道火化时，她更是被惊到了。

年轻的女心理师的惊讶是有道理的，因为这的确是一个可怕的故事。贺顿让老太太想一想这101个洋娃娃究竟有什么象征意义，而老太太经过反思，也终于明白了它们的意义。

原来，每一个洋娃娃都代表着一个人，一个曾被她迫害过的人。“文革”时，她共迫害过101个人，她意识上从未计算过自己究竟害过多少人，但潜意识替她计算过了——你曾经害过101个人——并指引她得到这101个洋娃娃，爱它们胜于一切，仿佛这样就可以赎罪了。

这是贺顿听到的“最不可思议”的故事。

无独有偶，《心理月刊》杂志刊登过一个类似的真实的故事：一个法官离职做了艺术家，他的家中摆着14具“尸体”，他忍不住这样做，但一直不明白为什么这样做。后来，他明白了，他曾见证过14个犯人被执行死刑，他们向他递过哀求的眼神，他也认为他们罪不当死，然而他无法阻止死刑的执行。后来，他以为自己已忽略、忘记了这些眼神，但家中的这14具“尸体”表明，他的灵魂为此不安，并为此而忏悔。

女心理师贺顿还听到了许多匪夷所思的故事，这些故事的离奇性，淋漓尽致地展示了人性的复杂。

离奇＋离奇＋离奇……

然而，仿佛毕淑敏觉得这样还不够，她还给这些匪夷所思的故事的倾听者贺顿安排了一个离奇的人生：

先是一个悲惨的童年，父亲早逝，母亲给她找了一个继父，她被继父多次强奸。

接着，母亲去世，继父横死。贺顿（原名绛香）做过一段时间的保姆，专门照顾一个姓贺的传奇老太太，并在贺家学会了做许多优雅之事，这是贺顿获得拯救的一个关键点，贺顿的名字也是贺老太太所赐。贺老太太去世后，她再度颠沛流离，在养老院做过“临终关怀”护工，卖过害人的化妆品，抽时间读了心理师的课程，并在一家电台做过一段时间的主持人。

取得心理师资格后，贺顿渴望开一间心理诊所，但她什么都没有，于是用婚姻换取了开诊所的房子，用性换取了10万元的借款，最后得偿夙愿，拥有了自己的心理诊所，取名“佛德”。

在这间诊所里，贺顿的心灵吸收了太多故事，每吸收一个人的故事，就好像自己活过了一遍一样。于是，她感觉自己尽管只有20多岁，但却“好像已经3000岁了……像一个老妖”。

即便这样的经历，毕淑敏仍不满足，她还给贺顿的故事又加了一个离奇：她的督导老师姬铭骢，用发生性关系的方式，找到了贺顿“上半身热、下半身冷”的秘密——她的继父强奸她的时候，用了清凉油做润滑剂。

咨询室听到的离奇故事，加上贺顿离奇的人生，再加上督导老师的非法手段，再加上贺顿的丈夫、婆婆和生意伙伴的离奇故事，又加上了倒叙和插叙的手法……这一切让《女心理师》这本书充满令人眩晕的离奇。

只是，我想，一切都是离奇反而损害了这本书，令它在展示人性的复杂性时力有不逮。

法国一个哲学家曾称：任何一个人的人生，如果你往下看，都会看到一个深渊。

所以，写人性的高手，是不会刻意用离奇的情节去展示人性的离奇的，他们反而会用看似平淡的笔触、看似平淡的故事，写出人性中令人战栗之处。

由此，可以说这是一本不错的小说，但远称不上卓越。

小说中展示的咨询过程，很多学院派出身的咨询师估计会挑贺顿的刺，但我认为不错。和许多咨询师一样，贺顿犯过一些错误，但每个咨询师都是在错误中不断获得成长的，而且小说所描写的心理咨询过程不乏精彩之处。并且，我有时也的确觉得，贺顿宛如一个活了 3000 岁的老妖，对人性有着非凡的洞察。

但这也恰恰是这本书的一个问题所在。作为一个心理师，贺顿很年轻，而且没有文化，给读者的印象是，她仅仅读了一个心理咨询师的课程，获得了一个心理咨询师的资格认证，就可以开一间诊所，而且还做得相当不错。

这给许多人一种错觉：成为一个优秀的心理师，门槛很低，而且过程很迅速，毕竟贺顿是用了相当短的时间就做到这一点的，而她的起点还那么低。

然而，就我所了解的，这在国内几乎是不可能的。国内心理咨询师的培训和考试的门槛很高，仅仅读这样的课程，基本上是不可能做到毕淑敏在书中所描绘的这种境界的。

我想，这是一种错位。真正像一个活了 3000 岁的老妖的人，不是仅仅 20 多岁的贺顿，而是已 55 岁、拥有丰富的人生体验、读了无数书并写了许多文学作品的毕淑敏，她是将自己的心智安在贺顿身上了。

假若你看了这本小说，心中涌起一种激情：贺顿是我的榜样，我要像她一样努力。这是可以的，我鼓励你这么做。只是，我要提醒你一下，贺顿的闪电速度可能在现实中是不存在的。

CHAPTER

5

恐惧告诉你什么对你更重要

*

许多恐惧，无须战胜。恐慌的背后，常藏着我们生命中重要的答案；恐慌程度越高，答案就越重要。

恐惧＝怯弱，这成了我们一个思维定式。

怯弱要克服，所以，战胜恐惧也仿佛成了一个不容置疑的真理。譬如，在百度上输入关键词“战胜恐惧”，可搜到约112000个相关网页；在Google上，则可搜到约811000个相关网页。

然而，当致力于战胜恐惧时，我们可能会忽视一点：作为人类一种最基本的情绪，恐惧和其他情绪一样，也有着它的独特价值，而一味地追求战胜恐惧，就忽略了恐惧所传递的重要信息。

许多恐惧所传递的信息是极具价值的。事实上，我们越恐惧一件事情，那件事情背后隐藏着的信息可能就越重要。

从这一点而言，许多恐惧，无须战胜。相反，我们可静下来，聆听恐惧，从而发现恐惧给我们的提示。

无须战胜恐惧

我们最恐惧的，恰恰可能隐藏着我们生命中最关键的答案。

27岁的Joe就是一个例证，小时候，他从不怕黑，但随着年龄的增长，他的胆子反而越来越小。

Joe是湖南人，只身一人来到广州工作，也是只身一人居住。他有女友，但女友在老家，两人的关系日趋冷淡，现在已岌岌可危。

现在，每晚睡觉前，他不仅要仔细地关好门窗，还要锁紧卧室的门，他知道这完全是一种自我安慰，但若不这样做，他会心神不宁，不能安心入睡。

并且，他在夜里变得很敏感。半夜去卫生间时，如果突然看到自己映在镜子或其他光滑家具上的影子，他会一激灵，打一个寒战。他告诉自己，那只是自己的身影，但这种理性的自我提醒没有用，下次他一样还会打寒战。他很纳闷，为什么小时候从不怕黑，甚至可以一个人在晚上走过老家的一片坟地，现在长大了，却怕起黑来，而且还如此神经质。

一天晚上，他忽然间找到了答案。

那天晚上，Joe特别怕黑，把家里的灯全打开了，但灯光太亮令他无法入眠，于是躺在床上发呆。发呆的时候，他一一回想与女友的关系，同时也在回想自己这一段时间那些好笑的怕黑的小故事。

刹那间，这两种信息交融到一起，仿佛电闪雷鸣一样，Joe突然明白，他怕黑的程度，和他与女友的关系有密切联系。如关系好，他就不怎么怕黑，晚上看到他在镜子里的影子时也不害怕，有时还会对镜子做个鬼脸，嘲笑一下自己；如关系变得糟糕，他就会怕黑，并且关系越糟糕，就越怕黑。

这一天，他和女友的关系看上去已到了不可收拾的地步，他怕黑的程度也随之达到顶峰。

原来，他怕黑的节奏，和他与女友关系的变化节奏是一致的。想到这里，他立即明白了他怕黑实际上是怕失去女友。

Joe 几次找我聊天，有时开玩笑一样地讲他怕黑的趣事，有时则倾诉爱情带给他的苦恼，而他一直不知道该怎么办。但当明白了自己为什么怕黑后，Joe 知道该怎么办了。

他说："我一直野心勃勃，希望尽快成为一个事业有成的男人，并认为这一点是爱情的保证，但当明白了怕黑背后的真相后，我才知道，她才是最重要的，因为事业的起伏不会让我如此恐惧，只有和她的关系才会把我的情绪搅动得这么厉害。"

Joe 和女友的关系很快好转了。他表面上没做任何具体的事情，还留在广州独自打拼，而女友也还在湖南老家，但他对女友的态度有了很大转变，而仅仅这一点就足以改善他们的关系了。

恐惧提醒你，什么是最重要的

当陷入困境时，我们很容易认为，假若做出一些什么事情，就可以跳出困境或起码可以改善困境了。

但是，假若你不理解自己是如何陷入困境的，而只是急着去做一些改变，那么你做的这些改变，可能与你的心灵、你真正的需要是背道而驰的。

譬如，假若 Joe 为了改善关系，而把女友接到广州来，或他回湖南去，让两人相聚，那么，这种做法未必真正会起到改善他们关系的作用。因为 Joe 还会觉得，为了爱情他牺牲了事业，他不甘心，并因此可能会对女友有所抱怨。那么，相聚反而令他们的心更远。

理解自己的处境，比急着去做一些改变更重要。假若你能很好地聆听你内心的声音，你就会自动找到更好的答案，而好的改变也会自然而然地随之发生，因为你会心甘情愿地去做那些正确的事情。

从这一点而言，恐惧具有独一无二的价值。因为很多时候，只有恐惧才能强有力地提醒你，什么是最重要的。

譬如 Joe，他的工作顺利，也融入了广州，一切看上去都步入正轨，只待向目标前进了，但对黑夜的恐惧强有力地提示他，事业之外还有更重要的东西需要他认真对待。

这是恐惧的独特价值，除了恐惧，其他力量很难提醒年轻的 Joe 领会亲密关系的重要性。幸运的是，Joe 没有太积极地去战胜恐惧。譬如，他可以把工作带回家，让自己一天 24 小时都沉浸在工作中；他可以把夜晚交给酒吧、夜总会等娱乐场所；他可以在广州找一个情人，填补自己的情感空洞……这些方法都可以帮他远离孤独，暂时达到战胜恐惧的目的。然而，在战胜恐惧的同时，他也错过了聆听恐惧并领悟人生真谛的机会。

我认识的一些朋友，他们是在抵达事业的巅峰之后，才突然明白，自己多年来一直忽视的亲密关系，恰恰是最值得珍惜的。一个 50 多岁的朋友，他在广州和香港都有产业，两个儿子都在国外留学，看上去是事业、家庭双丰收，但他现在最渴望的，是改善他和第二任太太的关系，因为他明白，“必须做到这一点，那才是有质量的生活”。

其实，类似于 Joe 的恐惧早就袭击过他，但他那时已变身为一个工作狂，用彻底忽略亲密关系的方式来战胜亲密关系带给他的恐惧。然而，假若他不那样做，而是早日聆听恐惧并领悟到恐惧所传递的信息，他的“有质量的生活”可能已开始好多年了。

“战胜恐惧”是一种错误的策略

许多极端的恐惧都与亲密关系有关。2005年8月25日，我写过一篇文章《怕黑没有错，那是一种寂寞》，文中的张女士怕黑怕到极点。每当夜幕降临，她会将家里所有的门窗锁上，而且要一遍遍地检查，生怕没有锁好。

即便如此，她也不能安心，她把家里所有的灯打开，然后自己坐在电视机前看电视。看什么节目不重要，但一定要把声音调到很大。经常，她就这样一直看到天亮，而天一亮，恐惧也随之消失，然后才在疲惫中睡去。

她有一个5岁的儿子，但儿子一点儿都不能给她带来安全感。有时，为了在晚上睡一觉，她会求朋友来陪她。朋友一定要是成年人，那样她才能睡着。并且朋友只要在她家的任何一个地方待着，她就能在卧室安然入睡。但神奇的是，不管她睡得多好，只要朋友一离开她家，她一定会在短时间内醒来，就好像有心灵感应在告诉她，朋友离开了。

怕黑怕到这种地步，是因为张女士曾在亲密关系中遭受过严重的创伤。

原来，她4岁时，在一个漆黑的夜里，亲生父母把她送人了。那一天傍晚，她睡着了，等一觉醒来，发现自己已不在家里，而是在一条船上，身边是陌生的阿伯和阿婆，他们说，他们现在是她的爸爸妈妈了，她的亲生父母不要她了。

这是非常惨痛的创伤，给她幼小的心灵留下了无法抹去的伤痕。现在，张女士之所以再一次如此怕黑，也恰恰是因为她第二次被重要的亲人抛弃了——丈夫刚和她离婚。

第一次，她是在黑夜中被抛弃，这容易给她留下这样的幻想：如果我当时没有睡着，或许我就不会被爸爸妈妈抛弃了。

这种心理一直持续到现在，就好像她的潜意识在说，不能在晚上睡觉，如果这次不睡着，她就可以避免第二次被重要的亲人抛弃了。这是心理上常玩的“刻舟求剑”的游戏。

面临极端的恐惧，我们最容易想到的是“战胜”。张女士正是如此，她一遍遍地检查门窗有没有锁紧、打开所有的灯、把电视声音调得很响、找成年人陪，都是为了战胜恐惧。

假若她去求治，一些医生也会采用战胜恐惧的策略，譬如，给她开较大剂量的安眠药或其他精神类药物，也可以采用系统脱敏的方法，即让她对自己害怕的事情做一个排列，把最害怕的情形、其次害怕的情形……一直到可以忍受的害怕的情形一一列举出来，然后从可以忍受的害怕的情形——譬如有成年人陪伴——开始练习，先适应这种情形，再逐步提高所能适应的恐惧的程度，最后做到能适应最惧怕的情形——完全一个人过夜。

这些“战胜恐惧”的做法，都能起到一定的效果。但最好的办法是，她应去聆听恐惧，发现恐惧所传递的信息。假若她彻底明白，自己的恐惧是来自 4 岁时被父母抛弃的经历，那么这种恐惧或许就可以很自然地摆脱了。

不仅如此，当明白这一点后，她的内心会变得更和谐、更完整，她的人格也大有可能会出现不可思议的成长，而她对自己人生的理解也会进入一个新境界。如果只是单纯地“战胜恐惧”，是不会有这样的收获的。

大恐惧，是为了提醒她改变

对这一点，我也深有体会。2003 年的一天，我做噩梦，半夜里突然在极度恐慌中醒来，发现自己无法动弹，几分钟后身体才恢复过来。当时我采用的也是“战胜恐惧”的策略，爬起来，打开灯，要么看一会儿书，要么想一些阳光的事情，要么去阳台上坐一会儿，而阳台对面的万家灯火会给我相当大的安慰，帮助我暂时平静下来。

但是，这种“战胜恐惧”的策略只能起到暂时的作用，一般是隔一天，我又会遭遇梦魇，又是醒来后发现自己不能动弹，又是采用同样的策略，又是达到暂时的效果……隔一两天，又一次遭遇梦魇……

这种情况持续了近20天，梦魇才不再袭击我。那时我非常诧异，不知道自己为什么会变成这样，一开始我以为是睡觉姿势的问题，但无论我怎样变换睡觉姿势，梦魇仍然会袭来。那一定是心理的原因，但因为当时还没有从事心理学的工作，就没有刻意去寻找它的原因。

去年的一天晚上，我又一次遭遇梦魇，和2003年的情况一模一样。突然醒来后，还是不能动弹，还是极度恐慌。但是，这一次我没有想去战胜它，而是等身体能动弹之后，继续安静地躺在床上，继续慢慢入睡。我感觉到，它还会再次袭击我。果真，刚入睡，又是一次梦魇。我又一次在恐慌中醒来，身体还是不能动弹。但等好转过来后，我再次安静地入睡。梦魇，则再一次袭来……

在很短的时间内，这种情况上演了五六次。但最后一次梦魇过后，我清晰地感觉到，我捕捉到了梦魇背后的某种信息，我对自己生命中一些极其重要的事情的理解到了一个新的深度。同时，先前让我惧怕的漆黑的卧室，现在变得温暖、静谧而和谐，让我感觉自己就像胎儿躺在妈妈的子宫里一样。

这一次，只有这一个晚上遭遇了梦魇，后来再也没有重复。显然，当我没有和这种严重的恐慌对抗时，没有试图消灭它、征服它、战胜它时，它反而将我带入了一个新的境界。

就是从这次经历中，我初步得出了这个结论：恐慌的背后，常藏着我们生命中重要的答案；恐慌程度越高，答案就越重要。

后来，我的这个结论不断得以验证。譬如，31岁的广州女子阿宁，一天晚上突然惊恐发作。当时是子夜时分，刚从小憩中醒来的她陷入了一种很难形容的恐慌，屋内还有灯光，她小憩前看的书就在床头，还未合上，但她觉得，小憩前还感觉很温馨的卧室，现在仿佛是一个无比狭窄的牢笼，憋得她喘不过气来。她匆匆地收拾一下，逃出了卧室，也逃出了家，跑到她最好的朋友家里，让朋友陪着她过了一晚上。

后来，她对我说，这是她长这么大经历的最可怕的一个晚上，她从未如此恐慌过。但在我看来，这次最可怕的恐慌也恰恰是在提示她，她目前的人生状态中有一个最重大的缺陷。

这个缺陷，就是爱情。

阿宁不反对爱情，但她要的是那种最纯洁的爱情，假若追求她的男子有一点儿性暗示，或者有身体的接触，或者谈到其他他喜欢的女孩，她就会觉得这个男人很脏，于是她就会逃离这个男人。结果，尽管现在已 31 岁，但她还没有谈过一次恋爱，最多只是和一个男子交往了三个星期，而交往的方式也只是发短信。但那男子对她不耐烦了，于是不再主动和她联系。而她的恐慌发作的那一天，也恰是这个男子不再和她联系后的第三天。

和我交谈的时候，阿宁说她要的是纯洁的爱情，如果没有，那她宁愿一个人过。

这是她意识上的想法、意识上的观念，但这种观念只能让她陷入孤独，违背了她内心真正的需求。这种极端的恐慌可以说来自潜意识，其功能就是提醒她，和男人的关系比她意识中以为的要重要得多，她不能再这样下去了。假若她还是持有这种观点，还是拒绝与男人建立关系，还是坚持这种孤独，那么这种恐慌就会一直继续下去，直到她醒悟，直到她开始改变自己，并学习与男性建立起稳定的亲密关系。

那个夜晚，是她一生中最可怕的夜晚。那么相应地，这种程度的恐慌就是在告诉她，与男人的关系，就是她目前最重要的需要。极度恐慌是在提示她，与男性的亲密关系，对她是极其重要的。

我们做不到一个人就圆满了

我们很容易自恋，常以为自己一个人就 OK 了，我们不需要别人。结果，因为人际关系的欠缺，我们常会有一些轻微的恐慌。这些恐慌也都在提示我们，关系的重要性，超乎我们的想象。

譬如，我一个朋友，她说自己根本不在乎男人喜欢不喜欢她，她对爱情持怀疑态度，而她的偶像是著名小说《不能承受的生命之轻》中的萨宾娜，她认为自己能像萨宾娜一样“享受孤独”。

萨宾娜能不能享受孤独，暂且不讨论，但在我看来，我这个朋友是享受不了孤独的。

实际上，她只是白天拒绝关系，看似很孤独，但晚上只要一有时间就流连于酒吧，与各式各样的男人调情。甚至，她做不到一个人在家里做饭吃，因为“那种感觉像是一个疯子”。像疯子是一种什么样的感觉？我的理解是，那是一种难以言说的孤独，并伴随着中度的、莫名其妙的恐慌。

并且，她的这种恐慌会逐渐升级。因为，她害怕有深度的、有质量的、稳定的亲密关系，而她流连于酒吧，则是试图用许多没有质量、没有深度的性关系来弥补。但长此以往，她的内心会有一个逐渐扩大的空洞，而这空洞会让她感觉越来越孤独，她也由此越来越恐慌。

我和多个有过十几个甚至几十个性伙伴的人聊过，无论男女，他们无一例外地有明显的恐慌感。在我看来，这种恐慌都源自他们缺乏一个有质量的、稳定的亲密关系。他们自以为可以做到不在乎这种亲密关系，但他们却在恐慌。和我那位朋友一样，她不去聆听恐慌，而只是试图战胜恐慌，而迅速地换性伙伴，就是她战胜恐惧的方式。但是，这只会让她离自己内心的真正需要越来越远，最终会陷入更深的恐慌之中。

如果能细心地聆听自己的内心，那么你会发现有很多轻微的恐慌，都在提示你关系的意义。

就这一点，我再谈一下自己的体会。

刚来广州的前两年，我和一个女孩合租。因生活节奏太不一样，两人很少见面，有时甚至一个月都见不上一面。当时，我认为，这只是最简单不过的合租关系，她对于我一点都不重要。但是，等合租关系结束、她搬走的那一天，我却突然发现，一个人住在那套两室一厅的房间里，非常难受。

于是，我开始想，过去和现在到底有什么不同呢？最终得出的结论是，虽然和室友只是最简单的合租关系，但心里有一种安全感，而这种安全感不是物理上的防范，而是关系上的安全感。就是说，当你在家里时，你知道家里还有另一个人在，仅仅这一点，就可以让我安心很多了。

其实，很多时候，我们会做一些很简单的事情，寻找一些很浅的关系，以填补自己对关系的渴求。

譬如，一个人在房间里闷了好几天，最后，忍不住要下楼走走，尤其是去人多的地方走走。对这种情况，我们常说是“沾点人气”。实际上，这是我们试图满足自己对关系的需求。

只是，这种恐慌实在太轻了，除非我们非常敏感，否则很难从这种轻度的恐慌中意识到关系的重要性，而极端的恐惧则以其强大的力量提醒我们，这是生命中极其重要的所在。

关系的丰富意味着生

许多严重的恐惧与关系有关。这不难理解，因为在我们最幼小的时候，如果没有与父母的亲密关系，没有任何生存能力的我们势必会死去。所以，关系匮乏所带来的恐惧，在相当程度上可以说是源自对死亡的恐惧。

不过，关系匮乏所带来的恐惧比死亡恐惧有更丰富的含义。因为，关系的匮乏意味着死，而关系的丰富则意味着生。

关系至少给了我们两次生命，第一次是父母对我们的生养。并且，我们的人格也源自我们与父母的关系，父母和我们的原生关系，最终被我们内化为“内在的父母”和“内在的小孩”。由此，不管长大后我们与父母的关系如何，我们内化的“内在的父母”和“内在的小孩”都是我们人格的基础，虽然可以改变，但非常困难，而我们与其他人的外在的人际关系，其实也是这个内部的人际关系的投射和展现。

关系第二次给予我们生命，则是爱情。绝大多数小说、电影和电视剧，讲的都是爱情，而且常用“重生”来形容。仅仅这一点就足以证明爱情这个亲密关系的重要性。

不过，亲子关系和情侣关系这两个最重要的亲密关系都有一个共同特点：我们无法左右对方。父母无法选择，甚至你爱的人你也无法选择。你会发现，越在乎一个关系，你能左右这个关系的可能性就越小。这样一来，在你最在乎的亲密关系中，你就被抛进一个看似无能为力的地步。由此，无数的人开始憧憬享受孤独，认为自己总能找到很多东西，可以摆脱亲密关系对自己的控制，或者摆脱自己在亲密关系中的无力感。

但一些恐惧会把你拉回来，它强有力地告诉你，你不能独自一人获得生命的圆满，你不能总做一个自大的控制者。至少在亲密关系这一方面，你必须爱人如己，你必须学会倾听最爱的那个人的心声，必须学会理解与接受，然后你才有可能和他拥有一个值得珍惜的亲密关系。假若你只关注你自己，那么无论你多么富有魅力，或拥有多少钱权名利，你仍然无法拥有这样的关系。

在纯粹的个人领域，这或许是最重要的生命真谛。

好好活着是最好的想念

至爱的亲人在离开我们之时，一定会祝福我们，希望我们好好活下去，并且把他们命运中失去的那一部分也给活过来。

武编辑：

你好，我是一名上大三的女孩，今年过年回家，爸爸突然病重，我好害怕。

其实，我家只有我和爸爸两人，妈妈已过世十几年了，是爸爸把我养大的。虽然自从妈妈去世后我的脾气变得很不好，常和他吵架，可是我知道爸爸是我在这个世界上唯一的亲人。只是，爸爸的病太多、太重，以至于就算有钱都没法痊愈，医生说要做好心理准备，不一定什么时候就不行了。

现在，家里有叔叔在照顾爸爸，我开学后回学校了，可我想回去，守在爸爸身边。在我心里，爸爸就是我生命的支柱。

还有，我是养女，爸爸妈妈没有其他的小孩。我一生下来就来到这个家，爸爸妈妈和爷爷奶奶都特别疼我，生我的人找过我，可我对他们没感觉。从小我就想，要是我真是妈妈生的该多好，可是妈妈走了，奶奶走了，爷爷走了，现在轮到爸爸了。我每天晚上做梦都梦到爸爸，有时梦到他健康的样子，有时梦到我找不到他了，哪里也找不到。

去年我交了男朋友，春节时还带他去了我家，本想多了一人家更像家了，可是爸爸又病了。可是我就是不想失去爸爸，没了他，家里的院子就空了，房子也空了，花花草草就没人照顾了，我也就变成了没人要的孩子。我不想这样，我想跟爸爸在一起！

爸爸一直不愿意我上学走得太远，可能他怨我走得这么远，可能他认为我觉得上学比他重要。其实，他不知道，没有了他，我上学就失去了意义。即使那个家很破、很不完整，那也是我的家，没了他就没家了，什么也没了。

这个世上就将剩下我一个人，我会很想很想他们。有时，在梦里我都忘了爷爷已经不在了，醒了以后更想。为什么爸爸也要这样？我不想这样。为什么他们都要离开我？爸爸即使是头脑不清醒时，也想着我。

现在我可以看得见摸得着，一旦爸爸死了就什么也没有了，再也不会回来了。我不想一个人在这个世界上孤孤单单的。我有时候觉得即使我现在没事，不久以后也可能得什么病。有时觉得身体轻飘飘的，没有力气，也许根本不用我自己动手。

男友很爱我，给爸爸看病的钱也是他家出的，他父母对我也特别好，可是我舍不得爸爸，舍不得那个随时都可能没有了的家。是我自己不想面对，为什么我的人生要不断面对、要背负？为什么我就不能轻轻松松地生活？难道这个世上真的有宿命吗？

阿雪

阿雪：

你好！

读你这封信真令人难过，我读了几遍，每一遍都忍不住落泪。

好像是，我能切身地体会到你所说的，“现在我可以看得见摸得着，一旦爸爸死了就什么也没有了，再也不会回来了”。

阿雪，你说“不想一个人在这个世界上孤孤单单的……也许根本不用我自己动手”，这段话给我的感觉是，你的意识和身体好像都想追随你至爱的亲人而去，是吧？

这种心理是很正常的，任何人接二连三地失去至爱的亲人后，都可能会出现和你一样的心理。这种心理，是源自爱，是我们渴望与亲人同甘共苦，渴望永远和他们在一起。

但是，这种“爱”是从我们自己的角度考虑的。当我们这样想的时候，我们忽视了重要的一点：至爱的亲人在离开我们之时，一定会祝福我们，希望我们好好活下去，并且把他们命运中失去的那一部分也给活过来。

我们要尊重他们的这种爱、这种期望。

亲人离世后的自责含着自恋

爱一个人，就会渴望和这个人永远在一起，渴望与他同甘共苦。但是，这个人突然去世了，我们怎么办？

通常，我们会产生两种幻想：第一，我们容易想，如果我做了什么，亲人就可以不死；第二，死去的亲人在那个世界很孤单，希望得到我们的陪伴。

因为第一种幻想，我们很容易自责。因为，当我们幻想“如果我做了什么”时，那事情的另一面一定是我们没有这么做。由此，我们会陷入深深的自责，开始觉得，自己应该为亲人的死亡负责。

如果亲人是意外去世，这种自责最容易出现。因为意外就是偶然，一条人命似乎在一瞬间就被很小的偶然给夺走了。那我们难免会想，假若我随便做点什么，打破了这个偶然的链条，他就不必死了。但是，我恰恰没有做什么，那岂不是说，我应该为亲人的意外死亡负责？

这种自责，可以说是一种幼稚的自恋。因为我们夸大了自己的力量，却忘记了决定死亡的是比我们更为强大的力量。

阿雪，从信上看，你预料到了爸爸的这一天，这算不上是意外事件。但是，你和其他人一样，也有了第一种幻想，并因这种幻想而自责。

你写道：“可能他怨我走得这么远，可能他认为我觉得上学比他重要。”你用了“可能”这个词，这让我感觉，这只是你的想法和你的猜测，爸爸未必这么想。并且，就算爸爸以前这样责备过你，那也是与爸爸即将面临的死亡没有关系的事情。你就算曾经做过让爸爸不快甚至对不起爸爸的事情，那与爸爸即将面临的死亡相比，都是微不足道的，你不必因为这些微不足道的事而责怪自己。

死去的亲人并不希望你与他同甘共苦

如果爱一个人，那么，这个人去世后，我们一定会自责。这种自责，既是源自我们的自恋，也是源自爱。因为，我们通常以为，爱就是同甘共苦，既然，爱人已经经历了世界上最大的苦——死亡，我们是不是也要同样受一些苦呢？所以，当亲人离世后，我们会自觉不自觉地用各种办法让自己也生活得苦一些，好像只有这样做才对得起他，对得起彼此的爱。

譬如，我一个朋友，她的哥哥突然遭遇意外去世后，她莫名其妙地离了婚。丈夫和她很恩爱，她之所以离婚，并非是因为这个婚姻本身出现了问题，而是因为她要与哥哥“同甘共苦”。她摧毁了自己的幸福生活，让自己陷入很苦的一种境地，好像只有这样做，才“对得起”她更苦的哥哥。

阿雪，你会不会也这样？想着爸爸即将离世，于是不再想与男友的幸福未来，甚至还会做一些事情阻碍甚至摧毁你们的幸福未来？

你在信中写道：“我有时候觉得即使我现在没事，不久以后也可能得什么病。有时觉得身体轻飘飘的，没有力气……”这听上去也像是源自同甘共苦的渴望。相比我的那个朋友，你更苦，你有太多的至爱亲人离去，所以你同甘共苦的动力更强，你甚至都有点渴望得什么病，那样就可以和他们在一起了。

阿雪，你的这种心理并不罕见。实际上，我们常听到，一对非常恩爱的夫妻，一个人得了什么病去世了，过了一段时间，另一个人也得了同样的病去世。他们可能和你目前的状况一样，想与最爱的人同甘共苦。

这样的事情很容易得到世人的惊叹，甚至还会被媒体和小说美化。但是，当我们想与死去的亲人同甘共苦的时候，我们忽视了很重要的一点：死去的亲人不希望我们这样做。

这一点，其实很容易发现。在亲人离世之前，假若我们陪伴着他，并听到他对我们说的最后一句话。那么，这最后一句话，基本上都是亲人对我们的叮嘱和祝福：我就要走了，但你要好好活下去。

这最后一句话至关重要，有了这句话，我们的第二种幻想“死去的亲人在那个世界很孤单，希望得到我们的陪伴”就会被打破。我们想追随死去的亲人自杀或自毁的冲动就会大大地减少。

死并不是生的对立面

阿雪，你信中说，妈妈去世时，你还小。那么，爷爷奶奶去世的时候，你还记得他们对你说的最后的话吗？如果你当时不在他们的身边，那么一定有亲人向你转告过他们对你的叮嘱吧？那些话，他们是怎么说的？

你要记住这些话，这样才是真正对得起他们，才是真正的爱。

我们很容易只沉浸在自己的痛苦、自己的幻想中，自以为死去的亲人希望我们怎么样，却忘记了他们对我们真切的叮嘱。如果真是这样，那才是对爱的误解。

还有你的爸爸。他春节病重的时候，见过你男友的吧，他是怎么对你说的？或者，在他意识清醒的时候，他最后是怎样对你说的？你要记住这些话，而不要只是沉浸在你的痛苦和你的幻想中。

妈妈、奶奶、爷爷都去了另外一个世界，爸爸也即将去那个世界。但是，他们在去的时候，都肯定祝福过你，希望你好好活下去，把他们丢掉的那一份也给活过来。阿雪，真实的情况是这样的，是不是？

日本小说家村上春树在他的小说《挪威的森林》中说过，死并不是生的对立面。你的爸爸即将走了，但就算那一天真正来临，他也并非是绝对地离开。他的精神、他的音容笑貌还留在你心中，还留在你的家中，还留在你的记忆中。并且，尽管他不是你的亲生爸爸，但你心灵的血脉中却流淌着他的血液。你是他的女儿，只要你继续活下去，也就相当于他的生命仍然在继续，不是吗？

阿雪，你生命中遭遇的打击太多了。先是被亲生父母抛弃，接着你的妈妈爷爷奶奶先后离世，而爸爸也将离你而去。但是，反过来看，你是多幸运啊，你总能得到最难得的爱。亲生父母把你送人，但你得到了爸爸妈妈一家的爱。现在，你又获得了男友和男友一家的爱。

死亡不是我们人力所能左右的，但爱却是。你看到了前者，也应看到后者，后者也同样是你的命运。

阿雪，我想，或许最重要的不是劝你乐观，而是希望你不要沉浸在自己的幻想中，总是自己想亲人希望你怎么样、爸爸希望你怎么样。

相反，你应回到真实中，记住你的亲人对你说过的那些真实的嘱咐，也要记住爸爸对你说过的真实的嘱咐。

最近，我一个朋友也遭遇了至爱的人离世，她的一个朋友发了一条短信劝慰她说：

爱不会失去的，只要你爱过，在爱面前，生死是渺小的，爱你的人无论到了哪个时空都会爱你。

阿雪，我想这句话也一样适用于你。

人生为什么会轮回？

追求优秀不是克服自卑的良药，特别自控也不是情绪化的答案。

对地方 A 不满意，我们想逃到理想的地方 B。

这种愿望，是我们的人生不断轮回的一个关键原因。

因为，理想化的 B 是从 A 中生出的，它们其实是一回事。

譬如，一个男子，对情绪化的妈妈不满，于是生出理想——找一个特别有控制能力的理想女子。最终，他如愿以偿，找到了一个特别自控的女子。但他发现，他自己变得越来越情绪化，因为他只有通过这样做，才能打破这个女子的防御，进入她的世界。

其实，被他理想化的自控和情绪化是一回事。这个女子，原来有一个特别情绪化的爸爸，她讨厌爸爸的情绪化，拒绝向爸爸妥协，于是变成了一个极其自控的人。

然而，她太自控了，她压抑了自己的情绪，因此令正常的交流变得很困难，只有一个特别情绪化的人才能突破她的层层防御，与她建立亲密关系。假若那个人本来不情绪化，为了爱她，为了和她建立更亲密的关系，也只有变得情绪化才行。

再如，一个女子，对自卑的父亲不满，于是生出理想——找一个特别强有力的优秀男子。

她的梦想成真了，的确找到了一个特别强有力的、极其优秀的男子，但她很快觉得自己陷入了地狱，因为这个男子非常挑剔，整天批评她，不管她多么努力、多么辛苦，都达不到他的要求。

这很容易理解。这个男子之所以极其优秀，是因为他的内心深处极其自卑，为了逃避这种自卑，他努力使自己变得优秀。然而，优秀并不能化解他的自卑，恰恰相反，他甚至是越优秀越自卑。这种内心的交战非常痛苦，于是，他自己以优秀自居，把优秀非常当回事，而将自卑投射到周围人的身上。并且，关系越亲密，他的投射越厉害。

所以，在和这个女子的关系中，这个男子越优秀，他的潜意识深处就越希望这个女子自卑。他越在乎这个女子，就越希望她自卑。

情绪化和过分自控是一个维度的内容，自卑和追求优秀也是一个维度的内容。自控是为了压制情绪化，追求优秀是为了逃避自卑。然而，这是一回事。

分裂，是客体关系理论的重要概念。这个概念说，分裂是我们心理问题的根源。

罗杰斯说，最好的爱是无条件的爱，即不管你的外在条件如何，我一如既往地爱你，我仅仅因为你是我的孩子，仅仅因为你是我的爱人，于是我这么爱你，我的爱是没有条件的。

一旦爱是有条件的，就制造了分裂。

例如，父母说你听话我们就爱你。那么，这种有条件的爱就制造了分裂。这个孩子会认为，听话的时候，他是好的，不听话的时候，他是坏的。于是，他会渴望做一个听话的好孩子，并把自己的独立意志压抑下去。

然而，如果父母对他的压制太厉害，这个孩子很容易会走向叛逆。他拒绝做一个听话的好孩子，而去做一个非得和父母对着干的坏孩子。但遵从父母的意志和非得同父母的意志对着干，都是同一个维度的内容。

分裂总会制造这种结果：你要么居于分裂的这一端，要么居于分裂的那一端。

这种例子在恋爱中最容易看到。最有趣的例子如克林顿，他有过几十个情人，一类是像他妈妈一样的女强人，如希拉里；一类是傻得不行的傻女孩，如莱温斯基。他人生的几十次风流韵事，看起来就是一个不断轮回的肥皂剧。

显然，他对妈妈的爱有执着的地方，也有不满的地方。于是，他要弥补，去找莱温斯基这样的傻女孩。然而，这是一回事。

和希拉里这样的女人在一起，他是个傻男孩；和莱温斯基这样的女人在一起，他是男强人。

这显然是同一种关系。本来，他要寻找不同的感觉，但最后他会发现，这两种看似不同的关系给他的感觉是一样的。

越分裂，问题就越严重。所以，追求优秀并不是克服自卑的良药，特别自控也不是解决情绪化的良药。

我们还应看到，优秀和自卑其实是一种平衡，所以，越在乎优秀，就势必要有一个越自卑的东西来平衡。

要么，这种平衡在一个人身上体现，于是我们常看到，那些特别要强的人自卑得不得了。

要么，这种平衡在一个关系中体现，于是一个优秀的女子会找一个自卑的男人，或一个优秀的男人会找一个条件远逊于自己的女人。这就是所谓的“鲜花插在牛粪上”。

怎么从这一命运的轮回中得到解脱？

接受与宽容。

接受，即接受自己的命运，承认自己自卑，或承认自己的确有一对很自卑的父母，自己有点瞧不起他们，甚至非常有意见。当承认了这一事实后，你就会对自己的自卑或对父母的自卑不那么在乎了。

这时，你内心的“内在的小孩”与“内在的父母”的冲突就减少了，或者说，分裂就减轻了，而开始出现了融合。

你对这一命运和这一事实的认识程度越高，接受程度越深，你就会变得越宽容，于是你对自卑不再那么敏感，对优秀也不再那么执着，这时你就不再被爱人的优秀迷惑，而能很快看到真实的他。

这一点并不容易做到，但起码你要有一个意识：在乎自卑和在乎优秀是一回事。

温柔地对待你的疾病

前不久在北京和一位医生朋友聊天，他讲了很多不良医生的做法。

譬如，小儿发烧，有医生会打一针激素，就可以迅速将体温降到正常，于是被家长奉为“神医”，纷纷送他锦旗。

我们已经知道，抗生素都要慎用，更何况是激素了，这种疗法无异于饮鸩止渴。

这位不良医生之所以这么做，是迎合了家长们的需要。看到幼小的孩子发着可怕的高烧，他们焦虑，当不能克服自己的焦虑的时候，就希望立即见效，于是“神医”就此诞生了。

他讲这个故事的时候，我心里不断浮现着一句话：温柔地对待你的疾病。

或者说，温柔地对待你的症状。

太多时候，我们都渴望立即消灭自己的症状，仿佛那样一来，自己就是一个没事人了。

然而，症状多是表面现象，它像一种呼声，源自内在深处的呼声。所以症状常常是一个契机，通过症状可以捕捉到内在的痛楚，从而有机会真正地疗愈你自己。

毕竟，我不是传统医生，所以我上面几段话主要是针对心理疾病说的。

对待心理疾病，耐心很有必要。最近几年，我上了许多课程，试图寻找让自己成为神医的途径，可以神速地帮来访者解决问题。但最后，我还是华南师范大学心理学教授申荷永老师那句话的信徒——“心灵的事，要慢慢来”。

譬如，最常见的睡眠问题，我有许多来访者，最初来找我，都是因为严重的失眠。

对待失眠，最初开安眠药之类的药物会非常有效。但久而久之，药物依赖会变得严重，甚至，安眠药都会失效。我一位朋友，曾一晚吃了六七粒安眠药都睡不着，那一刻，她真想将所有的安眠药都吞下去，就此结束自己的生命。

用安眠药治疗失眠，多少像用激素治疗发烧。

当然，我必须澄清的是，开安眠药治失眠的医生绝对没有不良的意图，与用激素治小儿发烧不可相提并论。

失眠，看似一个简单的问题，但它背后常藏着很深的心理问题。

为什么会失眠？这首先要解决一个问题：我们怎样才能睡着？

要睡着，你得放松。

然而，一放松，防御机制就会松懈，潜意识藏着的一些东西就会涌出。如果这些即将涌出的东西令你惧怕，你会再次绷紧。身体的绷紧，意味着心理防御机制的再次启用。

一绷紧，就无法睡着了。

和一个吃过多种安眠药物、又做药物代表的朋友谈起我对睡眠与失眠的理解时，她若有所思地问我，那是不是，假若药物能阻断感觉的流动，就可以帮助睡眠了？

我说，我不懂精神类药物的机制，但我想，这应该可以。

她说，难怪，我吃了治失眠的药物后，梦会变得支离破碎。

梦变得支离破碎，这或许可以理解为，药物令她的潜意识之流被切割成一段一段的了。

自然，这是推论，并未进行过验证。

得到验证的是，治疗失眠这个貌似简单的问题，对我而言，真不容易。

一位男性来访者，2008年就开始找我做心理咨询，最初的问题是，他白天总是很辛苦，而晚上很难睡好，他认为白天之所以那么辛苦，就是因为晚上睡眠质量太差。他曾经体验过，偶尔睡好一次，白天精力会好很多。所以，他希望能通过心理咨询改善他的睡眠问题。

他的咨询一直进行到现在，不过是断断续续的，时间也总是隔很久，一般是一两个月一次。

直到现在，他的睡眠才得以明显改善。

为什么一个睡眠问题这么难解决？谈到现在才清晰地看到，睡眠问题的背后是几种深重而特别的心理。这些特别而又常见的心理，他意识上不能处理，于是压到了潜意识中，但它们又不断向外涌动，所以他要很辛苦地压制它们。其实，他白天的辛苦和晚上的睡眠问题，都是因为内心的这种冲突。内在的强烈冲突，太耗一个人的能量了。

类似这样的故事已有多个，貌似小小的失眠问题，要经过漫长的心理咨询才得以真正改善，而表面的这个似乎波澜不惊的改善，其实是内在翻江倒海的剧变的一个向外的投影。

所以，我想说，对于自己的疾病，无论是身体的还是心理的，有时我们都需要一些耐心。

至少，心灵的事，要慢慢来。

身体是心灵的镜子

在湖南娄底，一位62岁的老人，冬天要穿38件上衣和11条裤子御寒，但还是冷得要生两个炉子烤火。这是湖南媒体报道的一个新闻。

怎么会这样？这位叫王少光的退休教师说，他变得特别怕冷是从1992年开始的，当时妻子遭遇车祸去世，此后他的体质开始变差，常感冒，衣服因此越穿越多。近两年，夏天他都要穿10件衣服和多条裤子，而冬天更是要穿几十件衣服，但还是冷。

很可能，这是心冷。最爱的妻子突然过世，丢下自己形单影只度日，这样子心太冷了，任谁都不能替代那个人，令自己的心变暖，心灵的这种状况映照在身体上，便出现了无论穿多少件衣服都不能变暖的怪现象。

对于这样的冷，我也略有体会。

一天，穿得厚厚的出门，发现与天气并不匹配，好像自己到哪里都是穿得最多的一个，但却仍然觉得冷，忍不住还有点发抖。

你病了？朋友问。应该没有！我回答。

我猜我没有病，我想身体的这种冷，源自心冷，源自那一天笼罩在心头的孤独的冷。

意识上不能沟通，就用身体沟通

身体是心灵的镜子。这个道理，我在太多故事中看到。

一个深圳的男孩，去年高考发挥失常，不能如愿考上北大、清华，最后，被父母送到了东北读书。他想读广州的中山大学、暨南大学或华南理工大学，但父母不同意，他们的理由是，你从来没离开过家、从来没吃过苦，你去东北的冰天雪地里锻炼一下吧。

结果，他在东北那所大学严重不适应。短短的一学期，他瘦了几十斤，经常肚子疼，会疼得流下汗来，还莫名其妙地发生了一次骨折，摔断了腿。妈妈心疼他，去东北带他到当地最好的医院检查，却检查不出肚子疼的缘由来，医生还说，照他当时摔跤的程度，骨折按说也是不该发生的。

在我看来，瘦几十斤、肚子疼和骨折，都是他心灵深处的反映。

因为在东北，不只是天冷，也是心冷。

首先，他的所有好友差不多都在南方读书，仅有的几个在北方的，也全集中在北京，这让他在东北的那所大学感到异常孤独。

其次，他不能接受自己的“失败”。他认为，自己应该去北大、清华的，东北的那所大学尽管也不错，但比北大、清华差了两个档次，他认为配不上自己，所以他根本不愿意去适应这所学校的生活。

再次，他觉得自己被抛弃了。高考报志愿时，他的父母没有征求他的意见，强行给他填报了这所大学，而且明确地对他说，以前我们对你太溺爱，你该去过一下独立的、有挑战的生活。这让他觉得自己既被父母否定了，也被抛弃了。

这三个原因加在一起，令他在那所大学度日如年。他不能接受那所大学的一切，从老师到同学、从宿舍卫生到食堂水平……

于是，他一到那所学校，便对父母说，我在这里待不下去，我想转学，想回到南方去，不行复读也可以。

但是，他的父母丝毫没有理会他的这一呼声，反而嘲讽他说，这么一点儿苦都受不了，你就这么没出息？！

从此以后，他不再对父母讲他想回去的想法，甚至，他可能都不再对自己这样讲。他想强行在这所学校待下去，以做一个父母眼中有出息的孩子。然而，这只是他意识上的努力，但他的潜意识仍然执着于回去的念头，仍然拒绝融入这所学校。

于是，在潜意识的指挥下，他讨厌那所学校的饮食，吃得很少，从而很快瘦了下去。也是在潜意识的指挥下，他莫名其妙地弄断了腿。同样在潜意识的指挥下，他经常肚子疼。

他不再和父母说回去的念头，但他会和父母说这些明显的事实：他瘦了、他骨折了、他肚子疼……

通过这些事实，他在表达一个信息：我都这么惨了，你们还不让我回去，你们还爱不爱我，你们还是称职的父母吗？

本来，他想和父母沟通，用语言来表达这个信息，但父母不允许，无奈之下，他只好改用身体来传递这个信息。

癌细胞或是被压抑的情绪

这种现象并不罕见，当我们心中生起某种情绪或某种念头时，我们常不愿意接受它们，并试图压制它们，这种压制常常成功，我们果真意识不到它们的存在了。

然而，它们并未消失，只是被压制到潜意识中去了。并且，它们还一定会寻求自己独特的表达方式，而通过身体来表达是最常见的方式。

一个男孩，工作很不顺利，常被人批评，他没学会应对这种批评，也不愿意去直面自己的失败，于是他想逃避，他把工作不顺利的细节和别人批评他的刺耳语言全忘了。

但是，以前从不梦游的他开始了梦游，先是突然从床上坐起，说一些发泄性的话，接着会在宿舍里晃悠，盯着宿舍里的工友看，把他们吓得半死。

意识上，他努力忘记这些不愉快的事，努力压制自己的愤怒，但梦游状态表明这些事他并未忘记，他的愤怒也并未消失。

一位成功人士，具有非凡的控制能力，他会把自己的每一分钟都安排得合情合理、满满当当，每天像钟表一样控制着自己的节奏，但晚上，他也会梦游。

他以为，自己可以操控一切，而梦游这种失控状态则告诉他，他其实做不到这一点，试图操控一切只是妄想而已。

健康，不是想追求就能追求的，也不能仅在身体层面上追求，因为心灵和身体是相互呼应的，真正的健康应当做到心灵和身体的和谐。

前不久，和几名医生一起聊天，他们说，据观察，癌症病人多有一个共同特点：特别压抑自己某一方面的情绪，这种情绪可能是愤怒，可能是悲伤，可能是内疚，也可能是其他情绪。

我想，或许是这样的道理：某种重要的情绪产生了，你拒绝接受，绝对拒绝接受，并把它极力压制到潜意识中去，你成功了，你似乎不再受这一情绪的困扰。然而，这一被压制的情绪通过身体表达了出来。或许，癌细胞便是身体对这一被彻底压制的情绪的表达。

脊椎病或象征着过度的负担

我认识的几名心理医生的身体有了问题，且都是脊椎的问题，有的是颈椎，有的是腰椎，并且其中两名心理医生很年轻，一名 30 多岁，另一名不到 30 岁。这有强烈的象征意义：他们帮来访者承担了太多的东西，这些东西压垮了他们。

我把这个观点说出来，他们都赞同。他们知道自己真的很累，因为身体无数次地传递过这种信号，但他们还是忍不住想为别人承担，因为他们认为那是自己的使命。

这听起来有些伟大，但这是意识与潜意识的分裂。潜意识一再表达对过度承担别人问题的不满，而他们意识上拒绝尊重这一信息，最终这一信息只好通过身体来表达。

其实，如果深入探讨的话，这种替别人承担问题的做法也称不上伟大。

美国心理学家斯科特·派克说，我们不能剥夺别人从受苦中获益的权利。这种想法的境界要更高。

派克的意思是，每个人都会在受挫中成长，这是极大的获益，如果心理医生替来访者承担问题，那就剥夺了来访者通过自己解决这一问题而获得成长的机会，所以这称不上伟大。

甚至，这种做法可以说是一种自私的行为。替别人承担问题，这会令自己获得一种价值感。但若心理医生在咨询室中追求这种价值感，他便在一定程度上阻碍了病人的自我发展。

身与心的呼应，这一点在现代医学上得到了充分重视。现代医学越来越强调心理、生理和社会的统一，意思是，不能只从生理的角度看身体健康，还要从心理和社会的角度去看身体健康。

譬如，我们都知道，各种各样的溃疡多和心理压力有关，而心脏病也和多种心理因素密切相关。

对于怕冷的王少光老人，这一点也适用。娄底一家医院的医生说，他可能是血糖低或结核病，也可能是心理问题。

如果综合地看，这自然首先是生理问题，因为他是实实在在地怕冷，他的身体有很真实的反应。但这也是心理问题，是心冷，是孤独的冷。同时，这也是社会问题，他挚爱的妻子过世了，他的社会支持系统遭受了重创。

所以，我们不能单纯从生理的角度追求健康，我们必须学会聆听并尊重心灵深处的声音。

心灵成长书吧：《关于坏人我们需要知道的一切》

（本文为《心理月刊》专稿，提问者为《心理月刊》编辑）

真正的个人主义并不会导致恶。真正的个人主义是忠于自我，从自己内心寻找答案，完善自我，最终抵达自我实现。

恶的个人主义者，谈不上自我实现，他们其实对关系非常依赖，没有别人他们就活不了，但别人对他们而言，是满足自己欲望的工具或对象。

必须区分这两者。当然，有时这两者也会混合在一起，一些自我实现的人，也是对别人很凶恶的，但这是两个不同的东西黏合到了一起。

1. 就您观察，对于我们每个人，在关系（如伴侣关系、同事关系、朋友关系或是短暂的各类合作关系）中，什么是恶？其共同特征是什么？

答：恶，一个狭窄的定义是，一个人反人性地对待另一个人，譬如，剥削、虐待、折磨对方，让对方承受物质和精神上的巨大损失。

一个宽泛的定义是，一个人的自我寄生于另一个人身上，为了捍卫有缺陷的自我，从而对另一个人进行种种限制，最终对这个人的自我造成了压制与损害。

在我看来，每个人的世界都可划分为两个领域：私人领域与社会领域。社会领域中的恶，多是第一层面的。在中国，私人领域的恶，第一个层面的不少，而第二个层面的恶，则几乎是无处不在，每个人都难以说自己清白。

私人领域，即指一个人的亲密关系领域，如亲子关系与情侣关系。

社会领域，即指一个人的其他关系领域，如同事关系、社群关系、朋友关系。

两种恶都有同样的含义：“我”向你索求某种你并不情愿给的东西。

2. 什么导致了这些“坏人”拥有对我们“作恶”的力量？是他们的成长经历，还是他们的欲望或是其他的？

答：这个问句有一个问题：分裂。隐含的意思是，“我们”与“他们”截然不同，我们是善的，他们是恶的。他们行凶，我们是受害者。

分裂，也恰恰是问题的关键所在。

心理问题的源头是我们如何处理原始的母子关系的分裂：好妈妈与坏妈妈，好我与坏我。

3个月前的婴儿无法处理一种矛盾：妈妈一会儿是好的，一会儿是坏的。他处理此矛盾的方法是分裂，好妈妈是一个人，坏妈妈是另一个人，她们根本不是一个人。

同样地，他也无法处理自己的一种矛盾：一会儿他充满善意，一会儿又充满恶意。他同样使用分裂的方式来处理此矛盾，将好我留住，否认坏我。

假若得到足够好的照料，婴儿在3个月大左右可拥有整合的能力，他发现，好妈妈与坏妈妈其实是一个人，好我与坏我其实是一个人。

要形成这种整合能力，关键是好的部分足够多，而这只能取决于妈妈，即妈妈的照料足够好，妈妈与孩子的爱的连接足够强。

发展这种整合能力，也许是毕生的功课。

真正的“坏人”，譬如，连环杀手周克华，是严重缺乏整合能力的人。虽然在我们看来，他是绝对的坏人，但在他的眼里，他仍是好人，而他以外的整个世界都是坏人。

如此就可明白一点，“坏”的关键，是你对“我”与世界所构建的整体持有何等态度。假若你整体上持友善的态度，那你即为善；假若你整体上持有恶的态度，那你即为恶。

所以说，一个人若将几乎整个世界都视为恶，而将自己视为善，那他势必是恶的。尽管他可能会身体力行实施善行，但他向恶行的转变非常容易发生。

再强调一下：“坏人”是缺乏整合善与恶、好与坏的能力的人。

或许你会说，我也是黑白分明、非敌即友，总是一分为二地看问题，可我一直是个大好人啊，周围人也都这么看我，我对自己的认识，和周围人对我的认识是一致的。

OK，那我就要推断，你身边极有可能会有一个坏人，而这个坏人极有可能就是你的父母、你的伴侣或你的孩子。

超级好人身边总会有一个臭名昭著的坏人，他们这种外在的分裂，根本上是内在分裂的结果。超级好人割裂了自己的恶，将其压抑，但这份恶会在身边人的身上呈现出来。

在亲密关系中，最容易看到“坏人”拥有对“好人”作恶的力量，这是极其微妙而复杂的心理在发挥作用。

3. 在这种恶的心理模式和关系中，我们会被置于何种处境？

答：美国电影《守法公民》中，凶徒达比当着男主人公克莱德的面奸杀了克莱德的妻女，并对克莱德说：你不能反抗命运。

达比的话透露了他内心的逻辑：他这么做，是为了将自己的悲惨“命运”转嫁到克莱德身上。

可以推测，达比的童年一定是充满高强度的暴力，而对他施虐的，就是他最亲近的父母或其他养育者。幼小的他不能反抗，最后这种无能为力化为一种可怕的人生哲学——这是我的“命运”。

他认命了，并认为弱肉强食就是这个世界的道理。他追求成为强者，但他柔弱的内在小孩不断呼唤，传递出达比不能承受的创痛。为了躲避这种伤痛，他将自己的伤痛转嫁给别人。这是他为何凌辱弱者的原因。

面对这样的凶徒，若你认为自己无能为力，那么你要知道，这就是他们所追求的。或者，心理学的说法是，你是认同了他们所投射过来的他们自己身上早就有的无能为力。

所以，你要知道，疯狂砍杀女邻居的陆剑波其实是一个满腹创痛的儿童。

看懂凶徒的心理，不难。

可是，为何在伴侣关系中，超级好人总会找坏人？

4. 坏人都是心理学家吗？他们利用什么机制让我们变得弱小甚至愚蠢？

答：“坏人都是心理学家吗？”这个问句隐含的意思仿佛是：坏人很强大，我们好人很弱小、很无辜、很受伤。

不过，很多时候的确像是如此。那么，为什么？

最关键的一点是，我们会过度压抑自己的恶。结果是，我们将一切攻击行为视为恶，最终连还击也被我们视为恶。我们难以做到以眼还眼，以牙还牙。

并且，坏人在恶中得到锤炼，他们行恶的决心和手段的确会更强一些，我们需要洞察到这些。

然而，最关键的还是，我们自己与“恶”——或者更心理学的说法——与攻击性的关系如何。

5. 坏人对我们作“恶”，是因为我们自己长着一张容易被欺负的脸吗?

答：坏人行恶时，绝对是要进行选择的。有时是有意识的选择，有时是无意识的选择。

关键要看清楚的是，好人也在做选择!

无数人是表面上的好人，他们内心其实隐藏着翻江倒海的愤怒与仇恨，这些阴暗的东西需要涌出。于是，这样的好人会无意识地选择与恶人相遇。

并且，内心中隐藏着的愤怒与仇恨越是强烈，一个人就越容易表现得更好。

结果，我们就看到，看起来特别善良的人，总是遇到特别狠毒的人，而且他们会成为最常交往的朋友，甚至成为伴侣。或者，前者养育出后者那样的儿女，也或者，后者养育出前者那样的儿女。

这样的好人会活得很压抑，他们很容易向可怕的坏人转变，他们制造可怕的恶行后，周围人都会惊诧：这个人一直都是大好人啊，不可能是他干的吧?

6. 为什么有些坏人很有魅力?（我们为什么对坏人感兴趣?）

答：坏人的魅力来自两点：

第一，坏人活出了我们没有活出的部分。或者，用荣格的话来讲，坏人是好人的阴影。

譬如，周克华，他是如此可怕的凶徒，但他明显成了偶像人物，网上表达对他崇拜之情的人实在太多太多。

不光周克华，“天涯杂谈”上还有几个帖子谈“新中国十大悍匪”，发帖者的文字和跟帖者的文字都充满了对他们的敬仰。

进化论的说法是，远古的时候，男人都是猎人，再近一些的奴隶社会与封建社会，一个男人的社会经济地位常取决于他杀人的本领。所以，我们本能上对强大的杀戮者有崇拜心理。

心理学的说法是，每个人的内心都是一分为二的，善与恶对峙，又相辅相成，它们不能离开对方而单独成立，健康的人，就是能将善与恶比较好地整合的人。

假若你太压抑你的恶，那么坏人自然会吸引你，因他的坏映照出了你自己内在的真实。

第二，相对而言，坏人不压抑。不压抑的话，这个人就容易灵活，他的情感表达很直接，他们提要求很容易，他们的身体语言也相对比较丰富。

譬如，反社会人格障碍者，他们是最严重的病人，对社会危害极大，但他们又是各类人格障碍中最有魅力的。他们的魅力，源自不遵守任何规则，达到了一种可怕的自由。

7. 我们应该如何保护自己？

答：要保护自己，首先要理解自己。

譬如，一位来访者，她是个大好人，但她的几任丈夫与男友都充满暴力，本来不暴力的，和她交往后也会变得暴力起来。

咨询中发现，她的内心有这样一种逻辑：攻击性会让她羞愧，所以她压抑了自己的攻击性。

这种内在的逻辑，投射到外部世界，会让她激发丈夫的攻击性，这样先投射出了她压抑的愤怒，接着，她又可以将“你真可耻”这种羞愧感投射出去。

她很深地理解了自己的这种内心结构，尤其是保持了自己在原生家庭中产生的极大愤怒后，她与男人们的关系自动就发生了变化。

类似这样的心理，好人们多少都会有。他们需要适当地向坏人学习，活出自己合理的攻击性来。

当然，最好的境界还是心理学家科胡特诗意的表达——“不含敌意的坚决”，即在与别人发生冲突时，自己不陷入负性情绪中，同时又坚守自己的立场。

要很好地达到这种境界，在我看来，首先还是要很好地觉知到自己的恶。

CHAPTER 6

只有在人群中，才能认识自己

*

好的心理医生，其价值就在于会和你建立一个好的关系，然后把你轻松地带进这种状态。不过，我们生活中还有太多的关系，可以把你带进这种状态。

在关系的镜子前审视自己，理解自己

或许，你已听说，好的心理医生宛如一面平滑的镜子，可以帮你清晰地看到自己。

不过，更确切的说法应该是，好的心理医生与来访者的关系是一面平滑的镜子，可以让来访者淋漓尽致地将他内心的关系——也即“内在的父母”与“内在的小孩”的关系投射到这个外在的关系上，也由此得以理解自己。

这一点非常重要，因为理解自己是最难的一件事，若你真正理解了自己，那么好的改变会自然而然地发生。

可能，你反对这种说法，因为，你自认为知道自己的问题出在哪儿，但改变就是无法发生，无论怎么努力，自己永远是在原地踏步走。

这只是因为，理性的知道不是理解。真正的理解，必然是感性的理解、情感的理解、肉体的理解，即在理解的那一刻，你的大脑、神经、躯体乃至内脏都在颤动，仿佛你的全部身心都回到了问题产生的那一时刻，你重新体验到，自己的问题是怎样发生的。但同时，你也彻底明白，你不再是当年的那个小孩，你已是一个强有力的成人，你没必要再像过去那样，用一些自我欺骗的方式来保护自己不受伤害了。于是，好的改变自然发生了。

好的心理医生，其价值就在于会和你建立一个好的关系，然后把你轻松地带进这种状态。不过，我们生活中还有太多的关系，可以把你带进这种状态。

实际上，只要你在乎一个关系，那么你一定会把你的内在关系投射到这个外部关系上。并且，你越在乎一个关系，这种投射就越强烈。

由此，任何一个你在乎的关系，其实都是一面心灵的镜子，可以照出你内心的秘密来。

这时，你要做的就是抓住机会，在关系的镜子前审视自己，理解自己，并引导自己走向好的方向。

他养了一条又脏又丑的狗

50 多岁的刘涛（化名）是一名私企老板，在广州和香港都有产业，两个儿子都在国外留学，表面上看，堪称事业、家庭双丰收。但他最近却与第二任太太不断发生冲突。

冲突起因令人啼笑皆非。原来，刘涛特别爱养狗，家里有四五条体形各异的宠物狗，从体型很大而又很温顺的牧羊犬，到体型很小的吉娃娃，刘涛都收养了。不过，比较特殊的是，尽管很爱养狗，但刘涛家所有的狗都不是买来的，而是别人不要的。要么是朋友家的狗生了狗仔送他，要么是捡来的流浪狗。但刘涛对它们都是宠爱有加，把它们当家人一样对待。

最受刘涛和太太宠爱的是一只雌性的小狐狸犬“妙妙”，它是刘涛去广西游玩时在一个山村发现的。当时养妙妙的是一个山村的孩子，据说是城里的一个女白领养得不耐烦了送给他的。但妙妙太娇气了，那个孩子的家人觉得自己养不来，于是卖给了刘涛。

妙妙很漂亮，而且特别聪明，有时还会像小女孩一样耍点小脾气，特别招主人的喜爱。

然而，很快妙妙有了争宠的对象。一次，刘涛在广州附近一个农村又捡了一条几个月大的小公狗，它当时很脏很难看，村里的一些男孩子正在折磨它。刘涛看到后，不知道为什么特别心疼它，于是把它捡回了家，并起名“虎子”。

把虎子带回家后，刘太就很不喜欢它，并质问丈夫说：“干吗弄这么一条难看的狗回家？”

太太的这句话令刘涛莫名地反感，他一下子发起了脾气，对太太吼道：“怎么了？长得难看就没人要吗？我就要好好养它！”

很多父母，特别急着去塑造、教育自己的孩子，甚至不惜为此折磨、虐待孩子。

这样做的时候，他们忽视了另外一点：父母与孩子的关系才是最重要的。因为父母与孩子的关系，最终会在孩子6岁前被内化为一个“内在的父母”与“内在的小孩”的关系模式。

很多人在与同事、朋友、邻居等相处时很友好，但却是配偶和孩子的噩梦。那并不是因为他不在乎配偶和孩子，而是因为他内在的关系模式太糟了，他越在乎配偶和孩子，就越无法控制自己，越容易将内在的关系模式展现在自己最亲的亲人身上。

假若我们渴望变成一个健康、和谐的人，那么，我们就要好好地观察自己在重要关系上的表现。

丑狗受到了他的特殊宠爱

从此以后，刘涛的注意力从妙妙身上转移到了虎子身上，他给它好好洗了个澡，发现它果真是非常难看。更要命的是，虎子原来的主人显然很不在乎它，没有训练过它，结果虎子常在刘涛的豪宅里随地大小便。相比之下，妙妙就非常训练有素了，从不会给主人带来这方面的麻烦。

随地大小便的虎子令刘太特别恼火，她因此数次和丈夫吵架，要丈夫把它丢掉。刘涛坚决反对，并求太太说，请给他 3 个月时间，他会把虎子训练好。

接下来的两个月时间里，刘涛把大量的时间花在了虎子身上，而妙妙则被他彻底冷落在一边。虎子的状况也逐渐有了改善，但仍时不时会随地大小便。有一天，刘太刚把家里打扫干净，虎子就在地板上拉了一摊屎，刘太多日积攒的不满一下子到达顶点，她愤怒地大声呵斥虎子，虎子则被吓得躲在角落里瑟瑟发抖。

看到这种情形，刘涛对太太的不满情绪也一下子爆发出来，他对着太太吼道："你懂什么叫感情吗？啊，你只知道以貌取人！你喜欢那条小母狗是吗？它又有什么好？"

刘太也不甘示弱地和丈夫吵起来。结果，失去控制的刘涛拿了根细柳条抽起妙妙来。不过，只有少数几下抽在妙妙身上，其他都抽在地上。只是，受尽千般宠爱的妙妙哪经过这种阵仗，它一路叫着跑出了家门，从此失去踪影。

后来，刘家花了很大力气都没有找到妙妙，每次想起这一点，刘涛就会心如刀绞，责怪自己太凶暴了。同时，他也会责怪太太，说如果没有她起事，他不会动妙妙一根手指头的。

一次，他又指责太太时，他的弟弟刘洋在旁边叹了口气说："我知道你为什么生这么大的气。”

听到弟弟这句话，刘涛也叹了口气说：“我也知道为什么，但当时就是控制不住自己。”

那么，刘涛为什么生这么大的气呢？

原来，太太、妙妙和虎子的复杂关系，其实恰恰是刘涛、刘洋和妈妈的关系模式的完美再现。

刘涛在和我聊天时说，他个子矮小且长相一般，而弟弟则高大帅气，从小妈妈就宠爱弟弟而对他非常冷落，他认为这就是相貌导致的结果。从小他就一直想，如果他和弟弟一样帅气，那么妈妈也会像宠爱弟弟一样宠爱他了。这种想法在他心里根深蒂固，最终形成了他的内在的关系模式：“不管我多么努力，我认为妈妈都不会爱我，因为我长得不好看，而弟弟长得好看。”

现在，他内心的这种关系模式，充分展现在了他自己的家中。他回忆说，看到虎子的那一刻，他难过得不行，因为他知道，那些孩子就是因为虎子难看才折磨它的，要是它和妙妙一样漂亮，也会和妙妙一样得到万般宠爱的。

也就是说，在那一刻，刘涛把自己的“内在的难看的小男孩”投射到了虎子身上，于是产生了很强的认同感，所以才收养了它，而且那么宠它。

但刘太不理解这一点。刘涛说，这是让他最难过的。每当刘太一边宠爱妙妙一边对虎子投过不耐烦的眼神时，他就想起了小时候妈妈一边宠爱弟弟一边冷落他的情形。当那次和太太发生冲突后，他失去了控制，因为当时的那种情形和他的童年实在太相像了：“我小时候，没有人保护我，但现在，我可以保护虎子。”

也就是说，他可以保护自己心中那个受伤的小男孩了。

除了弟弟刘洋和刘涛自己，其他人很难理解刘涛的心情。因为，刘涛的事业非常成功，而且两个儿子又那么争气。按说，刘涛的自我价值感应该很高才对，但他的内心深处其实仍然非常自卑。

他认为自己很难看

刘涛说，恰恰是因为那么自卑，他才拼命工作，不让别人看不起他。不过，这种自卑并非源自贫穷，而是源自爱的匮乏。只要还没有获得充分的爱，他的这种自卑就很难消失。

在和我聊天时，刘涛回忆起了一个梦。

那是 20 多年前的事了，经过一般人难以想象的拼命工作后，他的事业有了起色，并在香港的居住地附近有了小小的名气。一次，他参加一个朋友的婚礼，看到伴娘非常漂亮，感叹道："就像公主一样，我一下子有了情迷意乱的感觉。"

当天晚上，他做了一个梦，梦见那个伴娘变成了一个妓女，并被他带到一间破败的房子里，然后他强迫她和他发生了性关系。

这个梦，也典型地反映了刘涛内在的关系模式。尽管已算是事业有成，但他仍是一个自我评价很低的男人。看到他喜欢的女孩后，他渴望她，但却觉得自己配不上她。所以，他在梦中要把她变成一个低贱的妓女，因为那样一来两个人就般配了。

我向刘涛讲了这个观点，他恍然有所悟地说："反过来说，如果我自我评价很高的话，看到像公主一样的女孩，我会在梦中把自己变成王子，那样一样是很般配的。"

的确如此。自我价值感高的人，无论他的现实状况如何，他都会在梦中把自己想象得更有价值；而自我价值感低的人，无论他的现实状况如何，他都会在梦中把自己想象得很卑微。

"这和别人没有关系，是你自己的事。"我对刘涛强调。

“对，是我自己的事。自我价值感低，我会梦见女孩是妓女；自我价值感高，我会梦见自己是王子。”刘涛说。

接着，他引申说：“打妙妙，也和妙妙无关，和我太太无关，和虎子无关，都是我自己的事……不过，太太要是理解我，这事也不会发生。”

“要是妈妈小时候像宠弟弟一样宠你，这事更不会发生了。”我说。

听到这儿，刘涛一下子明白了，他哈哈大笑说：“你在讽刺我，说我把太太当成妈了。”

我们的心灵常玩“刻舟求剑”的游戏

这是所有重要关系的奥秘，除非我们把某人当成我们的内在关系模式中的某个人，否则我们不会对一个人或物产生那么强烈的情感。

妙妙漂亮可爱，其他人喜欢它，刘涛也一样喜欢它，这或许是出于天性，毕竟人皆爱美。

但是，这是一般的情感。而像虎子，尽管又难看又脏，但因为刘涛产生了认同感，于是对虎子的情感一下子远远超出了妙妙。

甚至，刘涛对太太的选择也是同样的道理。可能，他就是要选择一个和妈妈有点像的女人，她一样会爱美忌丑。选择这样的女人做自己最亲密的配偶，也是因为刘涛渴望在这个像妈妈的女人身上弥补自己童年的缺憾。

但反过来讲，刘涛的这种心理过程和太太没有关系。因为，这是一种心灵的刻舟求剑。刘涛是在和妈妈的关系中受到了伤害，但他不去那里寻找答案，却在和太太的关系中寻找补偿，这对太太是不公正的。这种刻舟求剑，注定难以实现。

不过，我们的生命中有太多刻舟求剑的事情。并且，成年的关系和童年的关系模式越像，我们的情感就会被激发得越厉害，而我们也就越有机会弄清楚自己，这时，与我们童年受伤时的感受就非常接近了。

这个时候，我们要提醒一下：你又回到过去了。

譬如，假若刘涛这样提醒自己一下，他会懂得，看到虎子时，他的那种同情其实就是他的“内在的小孩”向外的投射。不是虎子渴望得到那种同情，而是他的“内在的小孩”渴望得到同情。

假若在那次冲突中，刘涛能这样提醒自己一下，他会懂得，他对太太的那种愤怒其实就是对妈妈的愤怒，而他对妙妙的嫉妒和愤怒其实就是对弟弟的嫉妒和愤怒。

假若他能做到这一点，那么这次冲突以及这个复杂的关系，就成了他心灵成长的重要兵器。借由现在这个复杂的关系模式，他可以清楚地理解自己童年时的复杂的关系模式。这样一来，他的情感被触动的那一刻，也是可以修复自己的最佳时机。

我们很容易把成长的责任推到亲人身上

在心理治疗中，一旦来访者将心理医生视为自己童年时关系模式中的重要人物，他的强烈情绪也会被唤起。这个时候，无论来访者是悲伤、内疚、愤怒还是仇恨，心理医生都会明白这是怎么回事。于是，心理医生只会给予来访者爱与宽容，而不是像他童年时的重要人物一样回以他伤害。这样一来，来访者的心结被化解，而治疗效果就产生了。

换过来说，假若刘太能理解丈夫为什么那么宠虎子，并跟着丈夫一起宠，同时也一如既往地宠妙妙，那么，刘太就是最好的心理医生，刘涛的心结就会得到极大地化解。

不过，除了心理医生，我们不能指望别人为自己的情绪负责，而刘涛则不能指望太太为自己的情绪负责。这个时候，假若你渴望理解自己、改变自己，那么重要的不是抱怨别人、希望别人为自己改变，而是反省自己，“我为什么会变成这样子？”“我把他当成了谁？”“这和我以前有什么相像的地方？”

通过这些反省，一个重要的亲密关系就会成为最好的镜子，帮助我们看清自己，并最终做出改变。

具体到刘涛身上，他借由这次反省，明白了自己很多事情，他开始懂得，他以前是渴望太太能按照他的愿望发生改变，那样他会很舒服。但是，他指望太太改变，那就是把自己成长的责任放到了太太身上，而结果会让太太感到有压力，并且太太一定会拒绝他的要求，因为她不能为他负责，她只能为自己负责。

反过来，刘太也有类似的要求。这个亲密关系也一样唤起了她内心深处的一些声音，她也渴望丈夫能按照她的设想去改变，那样她也会很舒服。但刘涛拒绝这么做，因为他也一样不能为她的成长负责。

这是一个普遍的心理学道理。重要的亲密关系是我们生命中的拯救者，遇到一个真心爱自己的人，那是生命中最有价值的事情。

不过，我们许多人都没有从这种亲密关系中获救。相反，我们很容易毁掉亲密关系，甚至还彼此仇恨。并且，越亲密，就越仇恨。

之所以沦为这种局面，一个很重要的原因，是我们把自己成长的责任放到了对方身上。以前，在原生家庭没有得到的，现在希望从配偶身上得到，但这给了配偶太大的压力，并几乎百分之百地会被配偶所拒绝。于是，我们的生命就只是在简单地重复，童年的痛苦到了成年又重演了一遍，而改变却未发生。

每一次迷恋都是认清自己的最佳时机

26 岁的阿永写信说，他和女友相爱 3 年了，每次发生矛盾，女友都会不理他，他打电话、发短信、写电子邮件，她都只是沉默，而不做任何回应。这时候，他就会非常痛苦，因为他“最怕沉默”，于是每次都是他主动认错。只有当他认错后，她才会继续和他说话。

对此，阿永感到痛苦至极，他在信中写道：“我小心翼翼，生怕犯一点儿小错就彻底失去她，所以每次都是我忍不住要认错。我渴望女友能改变这种方式，不要总用沉默对待我，那样我太痛苦了。”

这也是一种刻舟求剑。女友小小的沉默，就给他带来那么大的痛苦，那只是因为他童年时被妈妈伤害得太重了。

原来，阿永 4 岁的时候，父母离婚，他跟着爸爸。每当他说想见妈妈时，爸爸会带着他去见妈妈，但妈妈拒绝见他们父子，且也是沉默着不说任何理由，这给阿永幼小的心灵留下了很深的创伤。

我回信问阿永，是否曾觉得妈妈和爸爸离婚是因为他犯了错。

阿永的第二封信回答说，是的，他还想过，如果有机会向妈妈认错，或许就可以见到她了。

显然，他童年时和妈妈的关系，现在也展现在他与女友的关系中。女友一生气就沉默，就像小时候妈妈的沉默一样；他每次都忍不住向女友道歉，就像想向妈妈道歉一样；他如此害怕失去女友，其实害怕重复失去妈妈的痛苦……

那么，阿永应该怎么办？

最好的办法不是急着去改变，更不是说服女友改变对待他的方式，而是借着这个机会去理解自己，明白自己的这种感受是从何而来，并告诉自己，这么强烈的痛，并不是女友给的，而是妈妈过去给自己的。

我们应切记一点：爱不是为了幸福和快乐。爱首先是为了强迫性重复，假若你和某个异性能完美地再现你的“内在的父母”与“内在的小孩”的关系，那么你一定会疯狂地迷恋上这个异性。迷恋他，是为了修正你内心的关系模式，是为了减轻你童年时的一些痛苦。

所有重要的关系，都有着这种强迫性重复的含义。尤其是，你越在乎一个关系，你的那个内在的关系模式就越会淋漓尽致地展现在这个关系上。

这个时候，最重要的事情之一就是，把这个关系当作一面镜子，一面帮助你认识自己并重新整理自己的镜子。

如果能做到这一点，那么无论这个关系看似多么糟糕，你其实都获得了无比重要的成长机会。

关上车窗，关上心房

我们常说，要聆听自己内心的声音。

那么，什么是内心的声音？就是你的感觉，你那些说不出来但又模模糊糊捕捉到的信息。这种声音，你要学会聆听它，并尊重它。

如果你听不到这种声音，你的意识和潜意识就会出现形形色色的分裂。

情人节期间，泉邀请菲儿去阳朔玩。

泉喜欢菲儿，已经追她几年了。菲儿对泉的好感也与日俱增，认为他又帅气又有能力，能节俭过日子，又会几门乐器，颇有艺术细胞，是他们朋友圈中公认的才子。

看上去，泉唯一的缺点是性格有点怪，他似乎一个知心朋友都没有，而且自我评价很低，常说自己“一文不值”。

不过，泉对菲儿好得不得了，堪称百依百顺、随叫随到，而且菲儿随便让他做的事情他常做到百分之一千。譬如，一次约会，菲儿嘱咐他在路上一家店里给她带一份她钟爱的糕点。结果，泉带来了12份糕点，理由是“你没有给我说具体带哪一款，每个种类我都买了一份”。

泉一直这样对自己，菲儿自然常常被感动。并且，她认为泉绝对不是一文不值，相反是非常好的人，她很想挽救他，甚至有时想，如果嫁给他，能把他孤僻的性格改造过来，那也是可以考虑的。

所以，她答应了泉的要求，决定两人一起去阳朔，不过“咱们说好了，谁也不能动那方面的念头，我们只是以朋友的身份去”。泉只求和菲儿在一起，所以和往常一样，答应了她的要求。

就在出发前的一个晚上，菲儿见了好友丽。丽也认识泉，勉强算是泉的一个朋友。见到丽，菲儿突然冒出了一个念头：我们三个人一起去多好啊！于是求丽和他们一起去。丽当然不愿意做电灯泡，但熬不过菲儿的死缠烂打，最后还是答应了。

临出发前，泉开着自己的别克车赶到菲儿的楼下，才知道，现在是三个人去阳朔了。不过，他仍然没意见，或起码没有表现出有什么不满。于是，三人还是按照计划上路了。

不过，车刚开出广州，菲儿突然惊叫一声：“糟糕！我想我没有把我的车门关好，怎么办？”

“当然要回去检查一下。”泉说。三人又返回广州，赶到菲儿的家。菲儿检查了一遍，却尴尬地发现她的车门关得好好的。于是，三人再次上路。

然而，当车再次开出广州的时候，菲儿又强烈地怀疑她的车窗没有关好。当她把她的怀疑很不好意思地说出来后，泉和上次一样回答“当然要回去检查一下”。

由此，三人又一次返回菲儿家，但菲儿又一次尴尬地发现，她的丰田花冠的窗户关得很严实，没有任何问题。

“我怎么得了强迫症了？老了，请你们原谅我！”菲儿满怀歉意地对泉和丽说。

“不必道歉，”泉说，“总不能让你担心，反正我们回来一趟也很简单。”

三人再次上路，这一次，菲儿没有再闹出故事来。其实，车离开广州的时候，她又开始担心，她的车好像还是有些地方没关好。不过，她这次知道是瞎担心，强忍着没有把它说出来。

三个人在阳朔一起过情人节，那种感觉的确怪怪的。因此，菲儿、泉和丽三人在阳朔待了一个晚上就回来了。那以后，菲儿明显觉得，尽管她和泉还是会约会，但两人的距离显然变远了。

车有没有关好，不是真正的问题

春节后，菲儿约我出来，谈起了这件令她百思不得其解的怪事儿。

“我到底怎么了？难道真得了强迫症不成？”她问我。

“还有过这样的事情吗？”我反问她。

“没有，就那一次。”她说。

“那就不是强迫症。”我解释说。这的确是强迫症的症状，不过，既然只有那一次，那就远达不到强迫症的诊断标准。

“但是，这个症状一定是有特殊意义的，你想过它的意义吗？”我再次问菲儿。

她回答说，她不知道，她只知道，当时她强烈地感觉到不安全，她一定要回去检查一下她的花冠车的门和窗有没有关好。

“花冠车有没有关好，只是象征意义，”我解释说，“你真正担心的，或许是其他地方有没有关好。”

我这句话令她愣了好一会儿，她开始沉思，大约过了几分钟后，才回过神来说："我想，我是担心泉和我走得太近了。"

正是这个意思，菲儿表面上担心的是车门和车窗有没有关好，但她真正担心的是自己的心有没有关好。

为什么要关好呢？因为她的内心深处感觉到，泉走近她，是一种威胁。那么，菲儿为什么要用强迫症般的症状来拉开泉和她的距离呢？

答案就是，在泉和她的关系上，她的理性和感性、意识和潜意识常常是分裂的。她的潜意识、她的感性明确地感觉到，和泉在一起会不好，但是她的意识和她的理性却认为，泉很棒，和他在一起会很幸福。

并且，在这件事情上，菲儿的理性太强大，这让她的感性所捕捉到的信息不能被她的意识所接收到。但如果看不到这个信息，菲儿和泉的关系就会进一步发展，令菲儿陷入困境。因此，这个信息仍然要千方百计地冒出来，告诉她，和泉发展下去会很不好。

但潜意识的表达一定是象征性的，我们如果硬要通过意识去看，理解起来很困难。

这正是菲儿两次要检查自己的车有没有关好的深层心理原因。

真正的问题是，心有没有关好

再回到菲儿和泉的关系上来。泉对菲儿的确是百分之一千的好，他真心喜欢菲儿，而且菲儿堪称是唯一与他亲密的人。除此之外，他没有一个与他关系亲密的朋友，既没有可以称兄道弟的同性朋友，也没有一个能谈谈心里话的异性朋友，已经 34 岁的他，到现在为止甚至都未曾谈过一次恋爱。

这不是优秀不优秀的问题。如果只从表面上看，泉够优秀了，前面已说到，他帅气能干、节俭、懂数种乐器。

那么，问题出在哪里呢？

就是出在他的自我评价上。泉的的确确认为自己“一文不值”。一次，他对菲儿说，只有用“你就是一团狗屎”这样的话来形容自己的时候，他心里才感觉到一种舒畅。

为什么会这样？

原来，泉的家庭极有问题。他很小的时候，父母离婚，他跟爸爸生活，成了爸爸的出气筒，爸爸常一边用言语侮辱他一边暴打他。后来，他爸爸再婚，脾气有所改善，但从此以后，爸爸将泉当作自己未来的唯一指望，对泉的教育非常严格。泉也算争气，一路重点小学、重点中学、重点大学走过来，最后还找了一份很不错的工作。现在，他每个月一半的收入给爸爸，另外一部分给妈妈，他自己则节俭度日。

泉对父母没感情，他的节俭也有特殊意义。他对菲儿解释说：“我不想再欠那两个人（指他父母）一分钱，所以我把多数钱都给他们，自己过得苦一点儿，那样看到他们不知廉耻地享受，我就会舒服很多。”

也就是说，泉过着一种自虐的生活，他表面上把自己贬低到极点，而且也过着一种苦行僧似的生活。但实际上，他这样自虐，是一种精神胜利法，那意思就是：“我挣钱养你们，你们奢侈，你们不知廉耻地乱花钱，但我节俭，那么我永远是正确的，你们永远是错误的。”

这显然是一种大有问题的心理状态。

但是，菲儿意识上看不到这一点。她只看到，泉很优秀，泉很真诚，泉对她好得不得了。

当然，她看到泉的性格有问题，但她认为，她能拯救他，改变他糟糕的自我评价，让他知道他有多么棒，他有多么优秀！

菲儿的这种想法，是一种严重的自恋。因为，如果泉自己拒绝改变，那么即便世界上最优秀的心理医生使出百分之一千的力量，也无法改变泉。菲儿只看到泉的这种心态对泉的伤害性，却没有看到，泉内心深处是在享受这种自虐，因为这种自虐，他感觉自己像一个圣人。

这样的一个人，尽管无比爱菲儿，但一旦他们建立起亲密关系，十有八九也会陷入施虐和受虐的情感状态。因为泉内心有一个“内在的父母”施虐与“内在的小孩”受虐的关系模式，他也会把这个关系模式套到他与菲儿的关系模式上。

其实，这种迹象已经显现出来，譬如泉对菲儿绝对地顺从。在恋爱前期或恋爱早期，菲儿或许会享受这种方式，但等两人一旦建立起深度的亲密关系，菲儿就会感受到这种关系模式的痛苦。

从意识上，菲儿看不到这种危险。但菲儿的潜意识感受到了这一点，于是最终跳出来，阻止了菲儿继续靠近泉。

潜意识制造了很多不可思议的事情

我们常说，要聆听自己内心的声音。

那么，什么是内心的声音？就是你的感觉，你那些说不出来但又模模糊糊捕捉到的信息。这种声音，你要学会聆听它，并尊重它。

其实，在与泉交往的过程中，菲儿也常有不对劲的感受。但是，等这种感受出现后，她不懂得尊重。相反，她会对自己说，你怎么回事？他对你这么好，你怎么还这么挑剔他？有谁对你这么好过？

这种自我对话的过程，最终的结果就是：菲儿用理性压住了感性，用意识压住了潜意识。但幸好，她的潜意识还是表达了出来，于是，在去阳朔前，她莫名其妙地先是拉上了丽一起去，接着闹出了那样两个小小的笑话。

这样的例子看似神奇，但实际上数不胜数。譬如，一个女孩怕蛇怕到匪夷所思的地步，来看心理医生时，她说："我怕一种动物，我不敢说出它的名字，一说出来我就会被吓死。"说完这番话后，为了说明她怕什么，她开始对心理医生描述，那个动物是"爬行动物，长长的，是这样爬行……"

她都能描述蛇的样子，却不能说出"蛇"这个字眼。这看似是非理性的，也就是理性所不能直接理解的。于是，心理医生试着去理解她的潜意识，最终发现，她不敢说出"蛇"这个秘密，实际上是不敢说她曾经被最亲密的人性侵犯的秘密。

再如，还有一个女孩，性格豪爽大气，但却怕蚂蚁，所以不敢穿裙子，也不敢坐在草地上，因为怕蚂蚁爬到她身上。这种怕，自然不是源自意识，而是源自潜意识。最后，通过心理治疗发现，她讨厌的原来是整天对着她唠叨的妈妈。

后面这两个女孩，她们的问题已经到了疾病的程度，都可以被诊断为恐惧症。其根本原因就在于，她们的潜意识与意识之间的裂痕太深，那些潜意识的内容被她们的意识绝对否认。前面那个女孩彻底忘记了那次被亲人性侵犯的事情，但那个事情严重影响到她，潜意识总是要浮出水面来表达一下，但因为被意识排斥得过于厉害，于是只能用很荒诞的方式表达。后面那个女孩，不能接受自己对妈妈的讨厌，结果这种讨厌就转移到了无辜的蚂蚁身上。

不过论危险程度，或许，相对于这两个可以被称为"病人"的女孩，菲儿所面临的危险更大，因为一旦她彻底拒绝聆听发自内心的声音，她丧失的就是一生的幸福。

我们为什么需要崇拜谁？

> 你不懂我们为什么要变魔术。观众知道真相。现实既残酷又悲惨，没有奇迹，没有魔法。但是如果你能骗到他们，哪怕只一秒钟，就能让他们惊叹，然后你就能看到非常特别的事。你真的不知道吗？那就是观众脸上的神情。
>
> ——克里斯托弗·诺兰执导的电影《致命魔术》的台词

一个有名的实验：在一个小空间里，放进两三只某类昆虫，记得好像是蟑螂，它们的行动轨迹是散乱的、没有规律的。

将数量增加到20只左右，它们的行动轨迹就统一起来，总朝同一个方向前进。

这个或许可以叫归属感，每一个个体都是孤独的，它们渴求被一个组织认同。

另一个有名的实验：某种群居的鱼，它们总朝同一个方向前进。但研究者关注的是，它们到底听谁的。

实验的一个环节中，研究者将一条鱼的大脑弄坏，记得好像是斩头。虽然头被斩了，但这条鱼的身体还能游一会儿，而且游动时非常疯狂，杂乱无章。

有意思的事情发生了，这群鱼会跟随这条没有头颅的鱼行动，于是它们整体上显得疯狂。但一群鱼在一起，想必那种情境也是蛮壮观的。为什么那些鱼会跟随那个失去了头颅的鱼？

一位来访者，几个月来一直很稳定地找我做咨询，频率为一两个星期来一次。突然有一次，隔了50多天才来。她解释说，有种种客观原因。

有没有什么主观原因？我问她。

听到我这样问，她的眼睛一下子红了，她说，原来觉得我是非常值得信任的，现在这个感觉动摇了。

动摇是怎么发生的呢？我再问。

她说，与你无关，与咨询无关，是因为《广州日报》的心理专栏变了。

从2005年开始，我一直做《广州日报》心理专栏的编辑，文章绝大多数都是我自己写的。半年前，我辞职了。辞职后，专栏文章的风格和导向变了，和我以前的很不一样，部分甚至是完全相反。这没什么，毕竟是编辑换了，新的编辑当然会有他自己的声音。

但对她而言，这是一件很严重的事。她一直追看心理专栏，觉得我发出的声音已成了一个可靠而牢固的支撑。突然专栏变了，于是这个支撑一下子动摇了，从而唤起了她心中一直藏着的声音——“一切都是不可靠的，一切都可能失去”。

我对她深有了解，知道她曾有几次重大的失去，这让她很担心变动，因为变动会触动她的创伤，让她再一次嗅到重大失去的味道。

因而，她在向外寻求一种牢靠的感觉。然而，任何外在的支撑，真的都是靠不住的，真正的支撑，只能是我们的内心。

我没将心理专栏的变化当回事，因为我想，每个人都有自己的感觉，每个人都可以根据自己的感觉来判断，在不同的声音中，哪个声音更打动你，你的心更倾向于哪个声音，从而可以在不同的声音中做出自己的选择来。

我也以为大家都会这么想，但我忽略了一点：我这样的论点，是有一个前提的——“尊重自己的感觉”。

“股神”巴菲特说，他之所以能有今天的成就，最关键的教诲来自他的父亲，父亲一再对他强调说“尊重自己的感觉”。股市风云变幻的时候他的心也会被搅动，但这个时候若跟随别人，如专家的意见，首先可能是像第一个实验中的蟑螂一样在随大流，寻找一种虚假的归属感；其次可能将自己置于第二个实验的境地，因专家太多的时候其实很像是被斩掉了头颅的鱼，他们自己都不知道要去向何方。

所以，你只能跟随自己的声音。

这其实是一个要求很高的前提，尤其在我们国家，因为我们的大环境和小环境都强调服从与孝顺，我们总是被教导听别人的话，而不是尊重自己的感觉。

听别人的话，会导致一个困境。到底听谁的？毕竟在任何一件事情上，都会有无数种别人的声音。

那就听最坚定的声音？

这的确是一个常见的选择。

对偏执所营造的虚幻的支撑感之需求，并非只是存在于普通人，或所谓意志不坚定者的故事上。任何人，一旦将某一外在事物视为教条，并不折不扣地遵从它，都可能会将自己置于盲从的境地。

一位朋友开公司，获得了风险投资的青睐。但最近，风投却决定要停止继续投资。

为什么会走到这一地步呢？我这位朋友非常仔细地将各种原因列出来，结果却令人啼笑皆非，一个很荒唐的原因反而可能是最重要的。

在风投界乃至管理界都流传一个说法，卓越的CEO常常是最孩子气的。

什么叫孩子气？

就是蛮不讲理，不沟通，将自己的意志强加在别人头上，如有不从就大喊大叫乃至威胁。

以前，他是这样的。譬如，开董事会时，一般的 CEO 对风投是毕恭毕敬的，但他不同，他常常对他们说："闭嘴！你们什么都不懂！"

他还常发出威胁说，你们如果不喜欢就滚开。

看起来，这会带来一些矛盾，但他分明发现，风投的人喜欢他这样，他们将此视为意志坚定有决断力。

后来，他的性情发生了改变。他开始向内探寻自己，随着对自己的了解越来越深，他的脾气变得越来越温和，虽然他的意志仍然坚定，但他开始聆听、开始沟通，而以前他只是发号施令。

他发现，他的改变令风投惊慌，他们曾委婉地质疑过他，问他是不是还像以前那么热爱他的事业。

随着他变得越来越平和，身上的那种疯狂劲越来越少，风投一方变得越来越慌，对他的指责也越来越多。

以前，他像那条被斩掉头颅的鱼，但那孩子气的疯狂被风投视为坚定。其实，是风投一方自己的意志不够坚定，而自己的心在向外寻求支撑时，被他的孩子气给迷惑了。

现在，他自己觉得意志力比以前更为坚定，因为这是由心底发出的。同时他也不再愿意做别人虚假的支撑者，于是风投一方一下子失去了依靠，他们因而慌乱了。

这个故事很有意思，在我看来，风投一方可能犯了两个错误：

第一，他们将自己沦落为第二个实验中的群鱼。

第二，他们将"最好的 CEO 是孩子气的"这一条法则当成了绝对法则。

关于第二个错误，我曾有一个领悟——"任何按照模式来思考的人最多只是第二流的"。如果真如我那位朋友所说，风投一方信奉"最好的 CEO 是孩子气的"，那么他们就可能是将这条法则给绝对化了。

真正的思考都可能是麻烦而累人的，如果能有一些简单的法则可以依靠该有多好。

问题是，这不可靠。

若要寻找真正的支撑，我们必须回到自己的内在，回到自己的心。

假若风投一方能用心去感受我那位 CEO 朋友，他们势必会发现，他的平和中透露着坚定，这种温和的坚定让自己更有踏实感，而之前对他的疯狂风格的依赖总是伴随着犹豫不决。

毕竟，你真的会信赖一个疯子吗？

心外无物，心外无法。我们必须回到自己的内心，学习聆听内心，向内心深处寻求答案。

不过，这样说时，我也未免绝对化了。

你到底该信任什么呢？

心灵成长书吧：《中国文化的深层结构》

"仁者，人也。"

孔子这句话，在台湾学者孙隆基看来，即中国文化对"人"的定义。

仁，左边是"人"字旁，右边是"二"，这形象地表达出孙隆基的基本观点：中国文化中，"一个人"只能在"两个人"的关系中存在。

这颇有哲学意味，西方哲学也不断呈现类似的观点：你存在，所以我存在。

现代心理学则称：妈妈是婴儿的第一面镜子，婴儿从妈妈这面镜子中确认自己的存在。

我最爱的波斯诗人鲁米也说：我们是镜子，也是镜中的容颜。

如此看来，中国文化的这个定义也蛮有普世价值。

但仔细解读起来，味道就有了很大差异。

你存在，所以我存在。其中的“你”，在心理学的解读中是妈妈，而在哲学的解读中，是上帝，是神。

犹太哲学家马丁·布伯说，关系有两种，一种是彼此利用的“我与它”，另一种是放下所有期待后而可能发生的“我与你”。为了方便理解，我经常说，这是我的本真与你的本真相遇而产生的关系，而新人本主义心理学给这个说法一个非常拗口的学术词汇——主体间性。

然而，在神学家马丁·布伯的原意中，“你”是上帝。

这是至关重要的一点。因为“我”的存在，有赖于“上帝”而非人。孙隆基就此说：“西方人的‘上帝’是个体‘灵魂’认同的对象。”

仁字中的“二”是什么呢？孔子给了答案——“亲亲为大”，也即一个人的存在有赖于要让亲人觉得他好。

在孙隆基看来，这是中国文化与世界其他重要文化都不同的一点：缺乏超验的部分，一切都围绕着人伦而来。哪怕“天理”，也只是人伦之至的意思，而不存在一个神性的“天”。

现代人很流行说身心灵，但中国文化即便说万物有“灵”，也只是说万物都有人性，而不是如马丁·布伯所说，万物中有“你”。孙隆基干脆说，中国文化的深层结构中，没有给“灵”留下一个位置。

他说，中国文化中只有身与心。并且，甚至这个“心”，也只是身体化的。

更要命的是，中国文化中的身与心存在着严重的分裂。

中国文化中的一个“个人”，只是一个“身”。假若只有他自己，他的“心”就不存在了。

一个"个人"的"心",只能用到一个地方——为别人的"身"服务。假若这个人的"心"用到了自己的"身"上,他就是有"私心"。

对此,孙隆基在《中国文化的深层结构》一书中论述说:

中国人的"一人"只是"身",而"由己之身,及人之身"的活动才成为"心",因此,被渠道化的"心",其主要活动就是照顾对方的"身"。

这段论述看似简单,但孙隆基这本400多页的书,是在这个基本论点之上构建的。并且,它简直能解释中国社会一切经典现象。举一些例子:

【吃文化】

孙隆基采用精神分析的观点说,中国文化还停留在口欲期,所以关于吃的一切都很发达。

若用他的身心论来解释,则可以说,因只有"身"而没有"心",所以,照顾好自己与别人,都是要让"身"满意。

他的《中国文化的深层结构》一书是1983年出的第一版。书中说,数层楼高、数百张桌子的餐馆,是只有中国才有的经典存在,像欧美再发达也没有催生出这样的饮食巨无霸。

时间过去了已30年,不知欧美有了变化没有。若没变化,在中国看似司空见惯的东西,原来都是世界级的。譬如,广州海印桥南的某餐厅,就至少有三层,旁边还有一个辅楼,桌子估计也有几百张吧,但你若是吃饭时间才去,十有八九要等位。

这餐厅我常去,下次再去,或许就可以给朋友们讲:这是世界级的……

再如,中国人寒暄时最容易问的是:吃了吗?听到很多人讲过,哪怕是10点来钟和父母通电话，他们还是要问“吃了吗”，其他问话也都是早就能料到的习惯性语句，就是不会谈心。

在中国做事情，请客吃饭是必需的。因为，你必须要证明你的“心”，而证明方式就是要照顾好对方的“身”，把对方侍候好了，让对方觉得你“有心”，他们才能发出自己的“心”，去照顾你的“身”，给你的“安身立命”提供帮助。

【养身】

“养”与“身”两个字，也是经典的中国字。

在最重要的亲密关系中，父母对孩子、孩子对父母、夫妻之间，头等大事都是要“养”好对方的身。并且，我们会觉得，做到了这一点，自己就已经尽了关系中的责任和义务，假若对方还表达不满，就是太不懂事。

如此一来，这三个最重要的关系都势必缺乏质量。孙隆基说，其主要的意向就变成了“传宗接代”，所以孔子会说“不孝有三，无后为大”。没有找到超验的灵的存在，没有找到与神的连接这种精神性的归宿，中国人的存在感，就只剩下了肉身的延续，仅有的“心”，也只是沦落成做好人，结果造成了一种平面化的简单轮回。孙隆基论述：

中国人制造了世界上几乎最多的人口，民族的生命在肉体上也延续了3000多年而不断。不过，这3000多年的历史也是没有超越意向的……中国文化是“天长地久，人亦长久”，但是，却并不导向一个更高之目的，只是无止境地在同一个平面上一直延伸下去。每一个朝代在肉体被消灭后，就让位给另一个在形体上大致相同的朝代，就如同每一代中国人都养育了没有自己特色——亦即“肖”于上一代的下一代来延续自己的肉体。的确，中国这个“超稳定体系”也确实做到了长生不老。这项成就是如此宏伟，以致马克思不得不称之为“木乃伊”。

在关系中，我们都重视“养”对方的“身”，以此证明自己是个好人，而面对自己，也最重视“养身”之道。现代中国的养身大师们仍是备受欢迎，而养身的书籍也是大行其道，哪怕读起来像小儿科。譬如，偏执狂一样地强调绿豆能治一切病，也仍然可以迷惑无数人。

并且，在孙隆基看来，即便是道家，也一样缺乏超验的部分，最后主要沦落成“养身之道”和保身的阴谋之道。

【做好人】

我许了愿要写一本书《中国好人》，也曾举办“好人学习小组”，还想以后能举办“好人改造营”，因为我是通过咨询经验、听故事和自我反思，发现丢掉自己的中国式好人实在是太多太多了。

我是从心理学视角去思考中国好人的。孙隆基则说，“做好人”是正统中国人的必然之路，因在中国文化的框架下，一个中国人，他的“身”必须为别人的“身”服务，构建出这样一个“我对你好”的关系模式后，他的“心”才有存在空间。

【包办婚姻】

“我”与另一个人，这是最简单的关系，而关系场还可以逐渐扩大，随着这个关系场的逐渐扩大，“我”也日益失去了自我。因为，那时我要考虑得更多更多。

孙隆基写道：

中国人的“身”是静态的，也是不能自主的，必须由人伦与集体关系去定义它、组织它、完成它。

这样就导致，一个人的关系网越复杂、越庞大，他越是不能做事情只从自己的立场出发，哪怕他的立场在西方人看来是上帝的旨意，且具有最高道德性。他必须从他隶属的整个关系场出发去考虑问题。

所以，恺撒在被罗马元老院杯葛时，可以发出“我来了，我看见，我征服”的豪言壮语，而岳飞却只能服从那12道金牌。中国历史上发生了太多这种让人吐血的事，就是因一个个体没有自己内在的良心，他的良心只能为一个整体的关系场考虑。更要命的是，加上忠与孝，这个关系场也就成了老大一个人说了算。

也因为这一逻辑，在一些最传统的地区，现代中国人的婚恋都难以是个性化的。“父母之命，媒妁之言”的真正逻辑是：只有作为家庭和家族的老大——父母才能知道，孩子的婚恋如何才对整个关系场是好的。

我知道太多潮汕地区和客家地区的恋爱故事。这些地方的年轻人，他们的恋爱和婚姻常常不是自己的选择，而是父母的选择。并且，一旦定亲，就很难退掉，否则就是对双方父母和两个家族的极大不敬。若毁约，常意味着两个家族会成为仇人。这种家族的重担，会压得年轻人喘不过气来，他们无奈顺从。

在这种逻辑之下，婚姻恋爱就失去了爱情的意义，而成了两个关系网络交叉着的一块空间，被锁死在那里。

【万众一心】

我为你考虑，你为我考虑……假若我们能为一个共同的东西考虑，我们就归属于一个共同的“心”。这个“心”若能笼络无数人，就可达到

“万众一心”的理想境地。

电影《爱国者》中，梅尔·吉布森饰演的男主角可以在大庭广众之下公然且理直气壮地宣布自己的反战观念，但他并未被视为敌人，他的最支持战争的朋友，还是一如既往地将他当作最好、最值得敬佩的朋友。

而我们的电影中，在这种光荣的伟大时刻，是断然容不得异己的，稍有迟疑就可能被视为卖国贼。

这很好理解。西方文化承认每个人都有自己的心，尊重每个人自己的心的合理之处，而中国文化一旦找到了“集体的心”，那一刻就意味着最大的道德就是忠于此“万众一心”，而谁有自己的心就是“其心必异”。

最大的“心”就是整个国家的“万众一心”，即整个国家成为一个超巨大的群体性自我，而领袖则成为这个群体性自我的代表，其他人都是一分子。

【异国的冷漠】

中国人到了国外必须抱团，譬如唐人街。另外一个现象是，一旦到了欧美就变得人情冷漠很多。

这是为什么？

孙隆基的解释是，因为没有个体的“心”，也即个体性自我，中国人到了外部世界会惶恐不安。这种不安，若用英国心理学家莱因的术语来讲，即“存在性不安”。意思是因找不到一个群体去依附，自己会感觉自我瓦解了，不存在了。这种不安，是一种根本性的不安，不能用简单的安全措施以及财产来满足。

一旦找到群体性自我，在这个群体性自我中，又可以构建中国文化，但只对这个群体内的人，会有“我们是一家人”的感觉，所以友善。而一旦出了这个群体性自我的圈子，就觉得外界的人很陌生，没有连接感，所以冷漠。

另一个原因是，受到西方文化的影响，他们开始尊重自己的心。然而，这一刻就只是成就了“私心”，哪怕对邻人也变得冷漠。但是，若真有“上帝子民”这种概念，并且真正有了自己的个性化自我，这种冷漠就会消减，而会对一般人也生出感情来。

一个中国人只是一个“身”，中国人的“心”，只能在我用我身为你身服务时才产生。孙隆基用这个简单的逻辑，解释了中国文化许许多多的经典现象，既可以让你觉得触目惊心，也可以让你觉得煞是过瘾。

他的这种身心分离论，其实也是我之前多次提到的英国心理学家莱因的心理学理论。

英国另一位心理学家温尼科特提出了“真自我”和“假自我”的概念：一个人的自我若以自己的感受为中心而构建，即真自我；一个人的自我若以别人的感受为中心而构建，即假自我。真自我与假自我最初都是在母婴关系中形成的。

莱因也持有这一观点，并补充说：有真自我的人，他的身体服务于他的“真自我”；有假自我的人，他的身心分离，他的身体服务于别人的“自我”，而他只能为自己的“真自我”留一个纯精神性的空间。

这样一看就发现，孙隆基的身心分离论和莱因的假自我者身心分离论是一回事。并且，中国人对圣人的膜拜，譬如，三皇五帝，都可以是假自我者的“纯精神性真自我”的演化。

孙隆基说，先秦时代，中国文化还是有超越界限的——心即彼岸，但不知为什么，后来就走上自己的路子，只剩下了世俗的人伦部分，只剩下了身与心，且身心还是分离的。

不管原因是什么，至少能看到一个答案，那就是：让你的身心归一，以你自己的感受为中心构建你的真自我。

CHAPTER 7

说出“我接受”，让心灵回归自由

*

所谓接受，即直面我们人生中的所有真相，深深地懂得，任何事实一旦发生就不可更改，而且不管多么亲密的人，我们都不能指望他们为自己而改变。

学会接受自己

自由分很多种，有权利上的自由，有行动上的自由，也有人格的自由。权利和行动的自由很容易被限制，但人格的自由很难被禁锢。

人格的自由很重要，它是我们的独立之本、健康之泉，也是我们创造力的基石。

不过，我们很容易自大地以为，人格的自由是很容易获得的。譬如，我们以为可以随意左右自己的心情，可以轻率地进行各种各样的选择，可以轻易地建立一个亲密关系，也可以轻易地切断一个亲密关系……总之，我们把随心所欲理解为了自由。

实际上，这种自由是假自由，甚至是对心灵的禁锢。

譬如，遇到了重大的问题，你不面对，却认为不处理你也可以很快乐，那么这快乐一定是表面上的，那个问题只是被你压进了潜意识，继续像毒瘤一样破坏你的心灵。于是，你白天对着许多人微笑，到了夜晚，你只好独自呜咽。

譬如，为了彰显你的自由精神，你随意地做选择，又随意地逃离，你以为你可以轻松地结束你的任何事情，可以忘记一切烦恼，只留下快乐在记忆中。但实际上，任何事情一旦发生，都注定不可改变且不能被遗忘，它将永远对你产生影响。

再如，你轻易地建立一个关系，又轻易地切断一个关系。你以为，这才叫自由。但实际上，任何关系都有生命，而且这生命起码与你的生命一样长，甚至还会在你的家族中遗传。

实际上，追求人格的自由，结束已经发生的事实对我们心灵的羁绊只有一条途径：接受已经发生的事实，承认它已不可改变。

假若你做到了这一点，那么过去的事实仍然存在，它并未消失，也未被你遗忘，但你对它的纠结就结束了，而你也由此获得了自由。

美国人本主义心理学家罗杰斯说，一个人的人格就是这个人过去所有人生体验的总和。

从这一点上而言，任何过去发生的事情都不容否认，因为否认自己经历的任何事情，就是在否认自己人格的一部分。否认自己的一部分，就会或轻或重地导致人格分裂。

并且，被否认的那一部分绝对不会因此而消失，它只是被你压抑进潜意识而已，仍然在对你产生影响。更糟糕的是，当它发挥作用时，因为是来自潜意识，你的意识对它一无所知，于是你对它丧失了控制能力。

一个人假若常常失去控制，那么一个重要的原因是他把自己太多的事情压抑进了潜意识。

这是最简单的否认，即我们对一些自己不喜欢的事实置之不理，认为那样自己就可以摆脱它的控制了。

还有另一种否认。很多时候，我们会像小孩子一样，认为过去一些不好的事情不应该发生，一些人不应该那样对待自己，就好像过去那些事情还可以纠正过来似的。

这两种否认，都会令我们在不好的事情中越陷越深。我们本来是想摆脱这些不好的事情对自己的消极影响的，但结果适得其反，它们对我们的影响反而越来越重。

想结束这些不幸的事情对我们的影响，从而令自己的心灵获得自由，我们只有一件事情可以做：接受！

所谓接受，即直面我们人生中的所有真相，深深地懂得，任何事实一旦发生就不可更改，而且不管多么亲密的人，我们都不能指望他们为自己而改变。

没有学会接受之前，我们都会把注意力放到别人身上，期望别人为自己改变一下，那么自己就得救了。但任何一个独立的人，都不会按照我们的要求去改变的。所以，这种期望注定会失败。

学会接受之后，我们就会把注意力转移到自己身上，深深地懂得，自己才是自己问题的答案。由此，我们开始努力改变自己，并最终获得更大的自由。

接受过去

有一对什么样的父母，是我们最大的命运。父母，不仅是我们物质生命的给予者和保护者，也是我们心灵生命最重要的影响者之一。

好的父母，未必能很好地满足我们的物质需要，但一定会给我们健康的心灵，糟糕的父母，可能会很好地满足我们的物质需要，却会给我们留下各种各样的心理问题。

不过，糟糕的父母之所以会让我们形成心理问题，一个很重要的原因是，我们不愿意接受一个事实——我们的父母不够好，我们幻想自己应该有更好的父母，我们甚至会尝试去改变自己的父母。

然而，这种改变的努力注定会失败。因为，除非父母自己意识到，他们的教养方式有问题必须改变，那样改变才有可能发生。极少有父母会因为孩子要求他们改变而改变。

在采访幼儿教育专家孙瑞雪时，她给我讲了一个小故事。在她的蒙特梭利幼儿园里，几个三四岁的孩子开会，最后，他们得出了几个结论，其中两个是：

父母是不可改变的！

我们越想改变父母，他们就会越糟糕！

三四岁的孩子得出了这个结论，令我大为惊讶！我不禁感叹：天哪！要是我们小时候都得出过这个结论，而且将它当作自己的人生信条，那么大多数心理医生可以改行了。因为，假若一个孩子坚守这两个信条，那么只要他的父母不是糟糕到会杀掉孩子的程度，那么这个孩子总能靠自己的力量得救的。

实际上，多数心理问题，就是因为我们小时候拒绝接受自己的父母，拒绝接受这个生命中最大的命运。相反，我们渴望改变父母。这种渴望注定会失败，于是我们将这个渴望深埋在心底，长大了，再按照这个渴望去选择配偶，并像童年渴望改变父母一样来改造配偶。

譬如说，有过一个暴虐老爸的女孩。她小时候，极可能产生过要改造暴虐的爸爸的愿望。但是，正如蒙特梭利幼儿园的那几个孩子得出的结论，她这个愿望一定会失败的，而且她越想改造爸爸，爸爸对她就越糟糕。结果，屡屡受挫的她，只好把这个愿望深埋在心底。

当然，这个愿望只是深埋在心底，成为潜意识的一部分，而不是消失。

结果，等这个女孩长大后，那些有暴力倾向的男子会对她有非常大的吸引力，他们好像磁石一样，吸引着她接近他们、迷恋他们。同时，那些充满爱心的好男子对这个女孩却缺乏吸引力。

这种吸引力是什么呢？其实就是深埋在女孩心底的改造梦想。以前，她渴望改变暴虐的老爸，但失败了。现在，她渴望选择一个同样暴虐的男子，继续去实现她潜意识深处的改造梦想。

但是，她的意识不明白自己在做什么，因为那个改造梦想是源自潜意识深处的。于是，这种有暴力倾向的男子对她的吸引力，她就只能用“迷恋”“激情式的爱情”“上天注定”等词语来描述了。

然而，正如她童年时的改造梦注定会失败一样，她成年后的改造梦一样也会失败。这些被她的潜意识选中的男子，像她的老爸一样，首先是不可改变的，其次是她越想改变，他们就会变得越糟糕。

结果，她会带着满身的伤痕离开这个有暴力倾向的男子。接下来，她又投入另一个有暴力倾向的男子的怀抱。

好莱坞女明星哈莉·贝瑞，她小时候有一个糟糕的黑人老爸，既不负责任，又常暴打她的妈妈。长大后，贝瑞的几次婚姻，都是选择了同样有暴力倾向的丈夫。结束第二次婚姻后，贝瑞伤心地说，她“不会再有婚姻”。

贝瑞要想结束她的这种强迫性重复，就必须承认并接受自己的命运，像那几个三四岁的孩子学习，对自己说：父亲是不可改变的，有那样一个父亲，是我的命。

假若她能发自内心地做到这一点，那么她势必会号啕大哭几场，为自己那么悲惨的童年，也为自己那么悲惨的人生经历而悲伤。但正如《悲伤是完结悲剧的力量》中所诠释的道理那样，真而纯的悲伤，会帮助她告别——注意，不是忘记——悲惨往事。

如果做到这一点，她会发现，她喜欢的男子类型好像发生了巨大改变。这只是因为，当她学会接受自己有一个糟糕的老爸的命运后，她潜意识深处的改造梦想也随之消失。没有了来自潜意识的病态渴望，那些暴虐男子自然就对她没有什么吸引力了。

父母是我们最大的命运

当然，做到这一点并不容易。我在《在关系的镜子前审视自己，理解自己》中提到的刘涛，已50多岁，非常坚强，有无比丰富的人生阅历。但他在和我交谈时，仍然经常说："如果我妈妈不那样做，就会……""假如我妈妈做了什么，我就……"

显然，当他这样说的时候，他就是一个饱受伤害的小男孩，他的心理状态退到了5岁前。在这种年龄，他拒绝接受自己有那样一个妈妈的事实，他幻想可以改造自己的妈妈。

当然，正如蒙特梭利幼儿园的孩子所发现的道理那样，刘涛小时候的改造梦想注定会失败。妈妈不会满足他的改造梦想，甚至当他向妈妈说出自己的渴望时，妈妈反而会变得更糟糕。

结果，他也一样，把这种改造梦想深埋在心底。但是，等长大后，当碰到他所迷恋的女性时，这种改造梦想就会被强烈地激发出来。

25岁左右的时候，正在香港打拼的刘涛疯狂地爱上了一个当地女孩。他回忆说："我不惜为她做任何事，她要什么我给什么。我挣的钱还算不少，但当时差不多都花在她身上了。甚至，我还想，为了她我可以去死。"

但是，刘涛疯狂的爱是有一个条件的，那就是：她得爱他，不离开他。但最令他伤心的是，尽管他这么疯狂地付出，这个女孩还是离开了他。结果，刘涛的心理一度出现崩溃，后来花了10年时间才慢慢地找回自己。

这其实也是源自改造梦想。

当刘涛讲完他的爱情故事后，我请他回忆："你有没有对另一个女人这样做过？慢慢回忆，别着急。"

结果，刘涛想了一会儿，感慨地说，做过，那就是他的妈妈。他说，小时候，他曾经像对待那个香港女孩那样对待妈妈，拼命讨好妈妈，为妈妈做一切可以做的事情，但目的很清楚，就是为了赢得妈妈的爱，让妈妈像爱帅气的弟弟一样爱不够帅气的他。

但是，他失败了。不管他怎么做，妈妈都没有改变对他的态度。于是，他一方面深深地绝望，另一方面把这个改造梦想深埋在心底。等遇到并迷恋上那个香港女孩后，他潜意识深处的改造梦想被强烈地激发出来，于是，在这个女孩的身上，他又完美地重复了一次童年时对待妈妈的那些方式。

要命的是，和童年一样，这次改造梦想也失败了。那个女孩还是离开了他，嫁给了另外一个男人。于是，和童年一样，刘涛再一次深深地陷入了绝望。

这就是最常见的人生谜团：童年时所受过的苦，长大后我们会再受一次，不过，这次的受苦，目的是纠正童年的错误。

在极少数的情况下，成年后的这次受苦居然成功了，我们从恋人身上完成了童年时没有从父母身上完成的梦想。不过，这种情况之所以会发生，并非是因为恋人按照我们的意愿改变了自己，而是恋人自己有改变的意愿，他／她自己主动做了改变。

答案在你自己身上

但大多数的这种重复性受苦最后都失败了。这种时候，一部分人会幡然醒悟，放弃了对迷恋式爱情的执着，而追求更平静的爱情，并且不再对新的恋人或配偶产生改变的渴望。也有另一部分人，继续把这种愿望深埋在心底，于是要么去寻找新的恋人去追求自己的改造梦想，要么希望能改变配偶，让配偶实现自己的改造梦想。

譬如，刘涛的改造梦想就蔓延到了刘太和弟弟刘洋的身上。有时，他会抱怨太太不理解他，“要是她能理解我并包容我，我就彻底好了”；有时，他也会抱怨弟弟刘洋，“他要是小时候能帮帮我，让妈妈分一点儿爱给我，我也不会有后来那些心理问题”。

刘涛对太太和弟弟的抱怨，以前比较强烈，但现在越来越弱。因为，他逐渐意识到他才是解决自己问题的关键。并且，他也开始明白他那样抱怨太太和弟弟，其实是将他对妈妈的一些责难不公平地转嫁到了太太和弟弟身上。

等明白这些以后，刘涛的注意力重新回到了问题的核心：他和妈妈的关系。

他说，他从理性上知道，放弃对妈妈的改造梦想是对的，接受自己有一个糟糕的妈妈这个事实是对的。但是，从感觉上，他觉得自己很难做到这一点，他能感受到自己对妈妈的强烈的抱怨。

这也是事实，是他此时此地面对的事实。我对他说：“不仅要尊重过去的事实，不与过去的事实纠缠，接受自己有一个糟糕的妈妈这个事实；同时，也要尊重现在的事实，尊重自己的感受，接受自己暂时做不到完美状态的事实。”

很多时候，我们一看到解决问题的完美状态，就渴望自己立即抵达那个终极状态，当达不到的时候就谴责自己。这也是一种自恋，以为自己可以轻松拥有抵达完美状态的自由。但当我们这样想的时候，我们的自由度反而会受到损害，因为你谴责自己，其实就是你的一部分自我在谴责另一部分自我，而且一般都是“内在的父母”在谴责“内在的小孩”。但“内在的小孩”才是我们的动力之源，我们对它谴责太过，可能会让它生出不满，于是，它反而拒绝成长。

若想最快地获得自由，就要接受并尊重自己暂时难以抵达最佳状态的事实。假若看到了自己的成长，那么也要接受这个事实。

譬如，刘涛，他其实一直在成长。被那个女孩拒绝后，他尽管心理出现了一次严重的崩溃，但这次崩溃让他暂时对迷恋式爱情失去了信心。就是说，他部分地放弃了改造梦想，把注意力从妈妈和完美恋人身上转移到了他自己身上。在那10年时间里，他努力反省自己，并养成了经常锻炼身体等很多好的生活规律。

并且，他的心灵的开放程度要远胜以往。他说：“就好像又重新回到了黑暗的山洞，但手里多了一支蜡烛，于是不再像以前那么害怕。”

黑暗的山洞，可以理解为他的潜意识，手里的蜡烛，则可以理解为他的自知之明。他一个人拿着这支蜡烛回到了黑漆漆的山洞，意味着他正在从自己的身上寻找答案。

接受当下

渴望改造别人，其实是一种自恋状态。

这不难理解，因为我们或多或少都是自恋的，而年龄越小，这种自恋就越严重。童年的自恋有两种含义：

好的事情，小孩子会认为是自己所导致的，假若爸爸妈妈关系很好，一家人温馨和睦，小孩子就会想，这是他造成的。

坏的事情，小孩子也会认为是自己导致的，譬如，父母离婚，小孩子会觉得是他的错，假若他做了什么，也许父母就不离婚了。

好的父母，会把孩子安全地带出自恋状态。孩子最终会明白，什么事情是他的责任、什么不是。但糟糕的父母，有时会指责孩子，假若父母一方说，我们离婚都是因为你，那么这个孩子会遭到致命的打击，他可能会终其一生都有深深的内疚感，因为他相信是他让父母离婚了。

我们不只是在童年才自恋，长大了也一样会自恋。并且，童年越缺乏爱的孩子，长大后会越容易自恋。

这时候，我们会以为，自己特别强大，特别有力量，可以很自由地做很多事情。但是，当我们自恋地做这些事情的时候，我们就会忽视很多重要的信息。

作为成年人，我们最容易自恋的一点是，既然悲伤、愤怒、内疚和恐惧这些消极的情绪那么伤人伤己，那么干脆“消灭”掉它们算了。

接受悲伤

于是，我们尽可能伪装得不悲伤。但没有悲伤，我们就无法与悲惨往事做一个告别。一个女子，丈夫突然出车祸去世，她忍住悲伤，极力地安抚公公婆婆等亲人，独自一人操办了丈夫的葬礼。为了不引起亲人的悲伤，她在丈夫的车祸现场和葬礼上都没有表现出深切的悲伤。之后，还为了公公婆婆，她强装笑脸，像一个模范儿媳一样，无时无刻不在关注他们的感受，用各种办法逗他们开心，帮他们忘却悲惨往事。

但是，随着时间的推移，她自己的问题越来越重，她失眠、焦虑、忧伤，最终陷入了深深的抑郁。后来，在心理医生的帮助下，她好好回忆了一下丈夫出事前后的细节，肆意地、无比伤心地大哭了几场，才从这种状态中走了出来。

丈夫意外去世的事实已无可更改，这一点不容否认，她只有接受。那么，相应地，丈夫去世后，她无比的心痛和悲伤也是事实，这一点也不容否认，她必须接受并给予尊重。

实际上，悲伤是大自然对她的馈赠，只有借由悲伤，她才能从失去最挚爱的亲人的伤痛中走出来。其他任何办法，都做不到这一点。

接受愤怒

再如愤怒。愤怒其实是在提醒我们，别人对你侵犯得太厉害了，你要告诉对方：停！你不能再侵入我的空间。

但是，因为愤怒是最容易伤害别人的，所以我们很容易拒绝愤怒。尤其是在家里，我们最容易抵制愤怒。因为，我们会想，既然你爱家人，怎么能对家人愤怒呢？

然而，无论多么至亲挚爱，假若另一个人不尊重你，经常指挥你、控制你，你一样会愤怒。

一个女子说，她 5 年之内只回了两次家，因为“回家谁都不舒服，还是少回为妙”。但是，当我让她描述自己的家庭时，她的父母虽然不能说完美，但好像也没有做过严重伤害她的事情。那么，她怎么对父母这么疏远呢？

最终，我们一起找到了答案：她的妈妈太爱指挥她、控制她了。小时候，她的妈妈为她安排一切，已令她烦不胜烦。现在，她工作了，结婚了，都有自己的孩子了，她的妈妈还是要她听自己的话，要是她不听，她妈妈就非常生气。

这位妈妈如此爱侵入女儿的空间，女儿不愤怒才怪。但是，妈妈是最亲近的人，按照规矩，她不能对妈妈表达愤怒，她也不能接受自己会对妈妈愤怒这个事实。但愤怒是天然产生的，不会因为我们不想愤怒就可以不愤怒。结果就是，她意识上不怎么愤怒，但潜意识却表达了极大的愤怒——5 年内只回两次家。

假若这个女子想改善她和妈妈的关系，她就应当尊重自己的愤怒，并带着这种情绪与妈妈沟通和交流。这种沟通和交流，一开始一定是不愉快的，但它会把关系带向好的方向。因为，只有适当地表达出愤怒，她的妈妈才会适当停止对她的过分干涉，随后，她也会相应地亲近妈妈。

接受内疚

还有内疚。内疚，本来是一个信号，告诉你，某个关系的付出与接受已经失去了平衡，需要调整了。

但是，内疚的感受是如此不舒服，所以很多人渴望自己对亲朋好友一定做到“仁至义尽”，甚至还要求自己对所有人都做到这一点。

然而，当你这样做的时候，你其实就是把你内疚的感受转嫁给了你的亲人或其他人。

所以，我们不难看到，一些好得出奇的好人，却让我们避而远之。因为我们不想承受他们强加给我们的巨大的内疚。并且，这样的好人，因为他们离自己的内心太远了，你会感觉很难和他们建立更深的关系，因为从不内疚的他们，仿佛有一道厚厚的墙壁把你和他们隔开。

一个心理学家说，拒绝某一种情感的人，势必会拒绝所有的情感。所以，那些从来都是“仁至义尽”的好人，因为他们拒绝了内疚，结果就是，他们也顺带着拒绝了所有的情感。

对他们而言，建立一个关系太可怕了。因为，若想深深地建立一个好的亲密关系，必须深深地付出，也必须深深地接受。一个关系，就是在相互的付出和接受的循环中不断发展的。假若一个人只付出不接受，那么他就不可能与人建立很深的亲密关系。

由此，我们不难看到，那些特别“仁至义尽”的好人，他们在社会上会享有很高的声望，但亲人会对他们怨声载道。如果你能深入地去看一下这些好人的生活，你会发现，亲人抱怨他，并不是因为他太爱帮人以至于不顾家了，而是因为亲人觉得离他很远。

接受恐惧

与悲伤、愤怒和内疚一样，恐惧也是一个非常不讨人喜欢的情绪。并且，它比其他负性情绪更令人讨厌，因为它把我们打入了一种无能为力的状态。

但是，最不讨人喜欢的恐惧，其实有着最重要的价值。只有恐惧，才能强有力地打破我们的自恋状态，告诉我们：你，真的很渺小；你，必须放弃一些虚假的自大，而去寻找真正重要的东西。

关系，尤其是亲密关系，是我们生命中最重要的事情。所以，最令人讨厌的恐惧其实就是在警示我们，人啊，你不能自恋到以为一个人就OK了，你必须寻找你的另一半，必须和另一个人建立起深深的情感关系。

假若你一直自大而孤独，那么恐惧就会一直袭击你，直到你真正能听懂恐惧的提示，并顺从关系为止。

接受关系

真而纯的情绪，是源自当下的情绪，它在提示我们，你现在欠缺什么，你现在应当弥补什么。

由此，不管这真而纯的情绪是什么，我们都必须尊重它、接受它，并听从它的指引，从而让我们走上心灵成长之路。

也有一些沉溺性的、歇斯底里的情绪，假若你经常失去控制地发泄情绪，那么，这种情绪一般都是在提示你，你的过去大有问题、你的潜意识大有问题。并且，你的情绪一定是在玩“刻舟求剑”的游戏，你现在发泄愤怒的对象，是被冤枉了的，你要回到船出发的源头，到那里去寻找答案。

自由与接受，看似是一对矛盾。因为我们一般的观念会认为，自由是积极进取的，是展现自己的力量，而接受是消极的。但是，积极的自由观很容易夸大个人的力量，而忽视我们存在的卑微性。

假若你明白了自己存在的卑微性，你会明白，你越懂得接受，你的心灵所享有的自由度就越高。

宽容自己，才能宽以待人

很多人生哲理，看起来很美，实际上很难做到，甚至做不到，因为超出了人类能力的范围。

譬如，“不要在同一个地方跌倒两次”是被说得最多的人生哲理之一，然而几乎没有谁能做到这一点。因为，从心理学角度而言，人生宛如一个轮回，我们有一个相对固定的人格结构，也即我常写的“内在关系模式”，这导致我们会不断地在同一个地方摔倒。

并且，能在跌倒多次后斩断这个轮回的，就已经可以说是英雄了，而能跌倒一次后就大彻大悟，此后再也不会在这个地方摔跤的人，只怕就是神，而不再是人了。

再如，“理解万岁”成了一句最响亮的口号，这也是因为，理解太难。

“严于律己，宽以待人”也属于这一类看起来很美的人生哲理。这个哲理，违反了一个最基本的心理学道理：一个人外部的人际关系，是他的内在关系模式的展现。

按照这个道理，一个对自己太苛刻的人，很难做到宽以待人。相反，对自己苛刻的人，更可能的选择，是挑剔别人。

明朝官员海瑞，以罕见的清廉闻名，他从不接受贿赂，一年只买一次肉，就是母亲生日的时候。

同时，海瑞也以苛刻著称，他不仅苛刻地对待同僚，也苛刻地对待妻女。他的女儿5岁时接了男仆递来的一块饼，海瑞知道后大发雷霆，认为女儿违反男女授受不亲的礼法，所以他不想再认这个女儿，除非她再也不吃东西。结果，5岁的小丫头果真整日涕泣而不吃东西，7天后被饿死。

正史上说，海瑞家人想尽办法让小女孩进食，但她拒绝，最终被饿死。

野史中有人怀疑这一点，认为很可能是被海瑞活活饿死的，毕竟一个 5 岁小女孩怎么会有那么强的意志，能在 7 天内忍住可怕的饥饿感。

海瑞在中国历史上并不孤单，几乎每个朝代都有一些以极端清廉而闻名于世的官员，他们大多数都一样很难宽容人。

这是因为，他们的内在关系模式就是一个“我”极端挑剔另一个“我”，所以他们才能做到对自己极端苛刻。当与别人相处时，这个内在的关系模式一样会发挥作用，因此对自己苛刻的人多数也会对别人苛刻。

因为这一点，像张居正等以智谋著称的人懂得，与其重用一个以道德而著称的人，不如重用一个活得真实的人。

这个道理，不仅适用于中国，也适用于世界。

有一道著名的选择题，说有以下三个人：

候选人 A，有婚外情，是一个老烟鬼，每天喝 8 ~ 10 杯的马丁尼酒，而且跟一些不诚实的政客有往来，还常咨询占星学家；

候选人 B，大学时吸过鸦片，每天傍晚要喝一品脱的威士忌，每天要睡到中午才起床，还有两次被解雇的记录；

候选人 C，素食主义者，不抽烟，偶尔喝一点儿啤酒，没发生过婚外情，还是一名受勋的战争英雄，并且在战场上绝对坚强，不怕死，不怕疼。

在这样的三个人中，你会选谁做领导人？

这个选择题不新鲜了，相信很多人已知道不能选 C，因为 C 是希特勒，而 B 是希特勒的死敌丘吉尔，A 则是同时代的美国总统富兰克林 · 罗斯福。

希特勒的确“严于律己”，但这是在极端暴虐的父亲的棍棒下培养出来的，这种过分的“严于律己”高道德标准的背后藏着可怕的破坏力。相反，丘吉尔和罗斯福对自己是有一些纵容，但他们因而也能宽以待人，懂得包容其他人的脆弱。在生活中，这样的例子也很多。

一位太太，她说自己尽力做到最好，对丈夫、对孩子、对家人、对公婆和丈夫其他重要的亲戚，她都尽力照顾。她看起来是在做一个圣人，但圣人在追求什么结果呢？

她的一句话给出了答案。她说："我已尽力了，要是我的家庭还有问题，那就不是我的责任，而是他（丈夫）的事了。"原来，她尽力做得完美，主要是为了把责任推给丈夫。

以前读书、打工时，我的一个伙伴，仅在工作上，他绝对是"严于律己"，其负责的态度和认真细致的程度都令人称道。只是，他有一个问题——太爱指责别人。的确，很少有人像他那样，那么尽职地工作，那么守规矩。尽管因为缺乏创造力，他做不到最好，但在尽心尽力这一点上，没有人能和他相比。

现在，我明白了，他做得这么尽心尽力，其实是为了建立这样一种关系：我有资格指责你。

宽容胜于挑剔。所以，一个宽容而温和的朋友，要胜于一个优秀而挑剔的朋友。后者或许会把"严于律己，宽以待人"当作座右铭，但因为不符合最基本的心理学原理，他在过于挑剔自己的同时，也势必会苛责别人。

作为中国历史上的文人典范，诸葛亮也是"严于律己"的代表。治国上，他是"鞠躬尽瘁，死而后已"。同时，他似乎也做到了"宽以待人"，你很少会找到他没有道理地苛责别人。他杀马谡、废李严、设计斩魏延，仿佛都合情合理，都是依法办事，或是形势所迫。

然而，在我看来，他这些做法的内在逻辑一样是"严以待人"。这个逻辑也体现在他的"鞠躬尽瘁"上，蜀国大大小小的事件，他都要过手。意识上，他说是要对得起刘备的看重，但潜意识上，这里面有很深的对别人的不信任。他对人才的要求太高，这种高标准最终导致，因为缺乏锻炼机会，蜀国优秀的文臣武将越来越少。

这是过于"严于律己"的一个必然结果。诸葛亮对自己苛刻的同时，也苛刻地对待别人。尽管从大面上看，他并没有做错什么，但整体上，这形成了一种苛刻的气氛，令他和蜀国很难锻炼人才。

因为以上的种种事例，我个人反对“严于律己，宽以待人”的矛盾的哲理，我更喜欢美国人本主义心理学家马斯洛的说法：自我实现者，一方面是疾恶如仇，另一方面是对人性的脆弱抱以深深的同情。

让你的身心重归流动

很多人，似乎失去了感受能力。

在一些心理学的课上，我们会戏称这样的人为绝缘体。

比方说，我讲课的时候，常让大家做一个小练习：五六个人一个小组围成一圈，一个人讲故事，其他人听故事。听故事的人要闭上眼睛，讲故事的人不能讲出声，他要讲一个快乐的故事和一个悲伤的故事，他可以默默地用语言讲，也可以只是在想象，只要是他真正有深刻体验的故事就好。讲完后，让大家猜他先后讲的是快乐的还是悲伤的故事。

用眼睛看、用耳朵听和用嘴巴说，是我们平时最常做的事情，佛教称之为“三宝”。似乎是，我们要与别人乃至任何一个事物建立联系，必须经由这三宝。但关闭了这三宝会怎么样呢?

譬如，在这个小练习中，三宝就被关闭了，你不能再通过这三宝去了解别人，你若想听出对方的快乐与悲伤，你就只能使用你身体的其他感官，也即通常所说的感受。

在这个小小的练习中，有人很厉害，可以百分之百地“猜”准所有人的故事。这样的人，我们会说他的身体很“通”。也有人很麻木，完全不能体会到任何一个讲故事的人的体会，这就是我们所戏称的“绝缘体”了。

相对而言，“绝缘体”的数量似乎要比非常通畅的人多一些。

“绝缘体”是怎么回事？他们是怎么炼成的？

我们都会逃避爱

在咨询中，我蛮多的来访者一开始是“绝缘体”，这让我对他们有了更深的了解。

譬如，在咨询中我常让来访者做身体放松的工作，有时是做简单的催眠，有时只是因为来访者在这种状态下会更好地捕捉到自己真实的感受。否则，假若只是两个人滔滔不绝地对话，那就常常只是思维层面的沟通了。但只要让一个人沉静下来，也就是说，让一个人的身体放松下来，他就可以更好地发现自己真实的感受了。

比方说，我的一位来访者，她说最近一段时间只要和男朋友在一起就吃不下饭，那种感觉很像是得了厌食症。

一开始，如果只是纯粹头脑层面的对话，那么可以说，她是对男友有很大的情绪，觉得他做事情很不成熟。

但是，她闭上眼睛，做几个深呼吸，略略花一两分钟时间感受了一下身体后，我再问她：“有一种感受让你和男友在一起时吃不下饭，这种感受是什么？假若它可以说话，它想说什么？”

她安静了一会儿后说：“我想对男友说，你对我太好了，这让我有压力，我有时想离你远一点儿。”

哦，原来是这样。当时我想，疏远也是一个很重要的心理需求，太多时候，我们想为自己保留一个空间，所以她有这种感受也很正常。

然而，在和她探讨这种对独立空间的需要时，我隐隐觉得这不是全部，于是让她再多花一点时间体会这种感受是什么。

这次她花了两三分钟时间感受自己，突然间泪如雨下。我问她发生了什么，她说，她明白了，这种感受是，她觉得男友对她太好了，而她隐隐觉得她不值得男友对她这么好。

原来如此，最深的感觉是她觉得自己不值得被爱，所以男友对她好时她才有了压力，于是产生了想逃走的动力。但是，她又觉得自己不能对男友讲出想逃走的动力，结果转而成了总是看男友不顺眼，觉得他做事不成熟，和他在一起吃饭时才不能下咽。

这个故事中，假若心理医生是只会用脑的绝缘体，那么就可能会停留在她对男友不满而觉得男友做事不成熟这一层，而这离心理真相相当遥远。

要帮助来访者更好地捕捉到自己的心理真相，就必须引领来访者去体会自己的感受。

所谓体会，就是通过身体去领会。

歌舞能力是怎么失去的

然而，有很多来访者，一开始没办法做这个练习。最严重的是根本不能闭眼睛，而有的尽管可以闭眼睛，但不能做感受身体的练习。他们会发现，一旦放下对头脑的使用转而去感受自己的身体，他们就会有失控的感觉，这让他们很恐慌。

记得印象很深的一次，是我去见一个朋友的儿子，他当时 27 岁，而从 15 岁到现在的 12 年之间，他甚至都没有睡过一次好觉，他的感觉是自己好像从来没有睡着过似的。在饭桌上，我请他闭上眼睛感受一下他的身体。他试了一下说，他不能这么做。

为什么？我问他。

他说，好像是自己这么多年来一直都要求自己尽最大的努力追求什么，所以绝对不能有丝毫松懈。

闭一下眼睛，被他理解为是一种松懈。

当然，这种理解一定只是一个很表层的说法而已，就像我前面讲的女来访者的故事，对男友的不满只是一个头脑的说法，而不是真实的感受。

这两天，我引导一个来访者做感受身体的练习，结果发现，随着我的引导，她的身体反而绷得越来越紧，于是请她睁开眼睛，问她是怎么回事。

她说，她不能这样做，她不能放下对思维的依赖，一旦暂时离开思维而去感受身体，她就有失控的感觉，同时就会有恐惧产生，担心内在有很不好的感受涌出。

这点也可以理解，她之所以成为绝缘体，就是为了防范自己内在其实已经产生过的不好的感受。

不管深层的原因是什么，都可以概括地说，只有头脑的思考，而与身体失去了连接，也因而与自己的心理体验失去了连接，这就是绝缘体之所以成为绝缘体的原因。

很长时间以来，我在相当程度上也是一个绝缘体，虽然有时我会有精准的直觉，但很多时候不能与别人的感情有很好的呼应。而最能说明我是一个绝缘体的，是我失去了跳舞和唱歌的能力。

跳舞，或许是从来没有尝试过。作为汉族的标准的孩子，小时候并不容易有跳舞的经历。但唱歌不同，小时候我很爱唱歌，嗓子变音前什么歌都能唱，就算初中嗓子变音后那些高音唱不了了，但我的嗓子还是不错。然而奇怪的是，自己长大后竟然连到 KTV 唱歌都难以做到了。

还好，一次在酒吧里喝了 10 多瓶啤酒后，突然间可以跳舞了，从此以后，偶尔可以很酣畅地跳舞了。前不久，在一次唱卡拉 OK 时，突然间放开了喉咙，于是都可以唱《青藏高原》了。

然而，失去了歌舞能力，或者更准确地说，失去了感觉可以酣畅淋漓地在自己身上流动的这种状态，仍然是一个很大的遗憾。我想此生一定要弥补这个遗憾，重新活出让感觉在自己身上酣畅淋漓地流动的状态。

即便如此，或许也不能弥补。因而，我有时会想，假若有来生，我希望能投胎到少数民族，最终成为一个能歌善舞的少数民族艺术家，在歌、舞或其他艺术形式中酣畅而单纯地表达自己的感受。

这样讲，或许你可以看出我对孔圣人有些意见，觉得他和他的继承者们教化了我们这个民族，但在这个教化的历程中，我们似乎更注重秩序与礼，而忽略了自己的心。

因为这种遗憾、这种渴望，使得我对去年在香港学催眠时的一幕总是念念不忘。

父母要学习应和一下孩子的节奏

在那次催眠课上，做一个催眠示范时，一名 30 多岁的男学员对来自美国的催眠老师斯蒂芬 · 吉利根说，他从来都不能跳舞，这是他生命中最大的遗憾，他很想重新找回跳舞的能力，希望老师能帮他。

结果很神奇的，在催眠中，吉利根老师成功地引导了他的跳舞能力。练习中最具感染力的一幕是，在催眠状态中，吉利根老师哼着一个调子围着这个学员转，而这个学员也随着这个调子跳舞，这一幕协调至极。

绝缘体是没办法歌舞的，要想能歌善舞，就必须先允许自己的感受在身心中自然流动。

当然，有的人歌舞时其实是没有这种流动的。记得有一部非常棒的纪录片，讲的是中国一个男孩在“文化大革命”末期去美国跳芭蕾舞并成为最著名的芭蕾舞者之一。电影中，来中国交流的美国芭蕾舞者说，看中国孩子跳芭蕾舞，好像他们完全是按照教科书在做动作，而没有感情，唯独那个男孩例外。

相反的状态，一代天王迈克尔·杰克逊有最好的描述。他有最迷人的歌舞，而他怎么做到这一点的呢？他的回答是，他觉得自己只是一个管道，他是“上帝的乐器”，并不是他在创作音乐，而是音乐通过他这个管道流淌出来。

所以，重要的是保持管道的通畅。管道通畅了，才会有我向往的那种境界——让感觉在自己身上酣畅淋漓地流动。

这个管道是如何堵塞的呢？解释起来会比较复杂，在我目前的理解中，大致可以概括为两点：一个是，感受是痛苦的，所以要堵塞；另一个是，感受是有罪的，所以不能让它在身心中流动。

这个管道怎么才能保持通畅呢？如果我们想帮助别人，尤其是父母想帮助孩子的话，那么答案比较简单——向斯蒂芬·吉利根老师学习，与那个男学员一起舞动。

对此，吉利根老师有一个形象的形容，他说，孩子有任何表达的时候，他会有一个节奏，譬如“啦，啦，啦”，那么父母可以回以同样的节奏“啦，啦，啦”，这种韵律的共鸣，会在父母与孩子间形成一个场，如此一来，感受不光是在孩子身上流动，更会在父母与孩子的这个关系场中流动。

吉利根的说法是一个形容，孩子很少会对父母说“啦，啦，啦”，而是，孩子在做任何表达时都有一个节奏，父母可以像二重奏一样应和一下孩子的节奏。比方说，孩子说“妈妈我好开心”，那么妈妈应和一下孩子的节奏，就会同样感到开心，如此一来，一种愉悦感就会在妈妈与孩子之间流动。

这听起来很简单，其实是一个很深的道理。我们的管道之所以能保持畅通，是因为我们发现这样子可以被别人接受；我们的管道之所以关闭，是因为我们觉得这样子别人不会接受。

不过，必须强调的一点是，这并非一定是别人做出了拒绝我们的行为，而可能仅仅是我们以为别人不会接受。

恶魔 = 需要被满足？

前不久，我在专栏文章《你的欲望不是罪》中写到，我们对需要有一种矛盾态度，这可以概括成两点：我有需要，需要有罪。

因为觉得需要有罪，我们会将自己的种种需要阉割掉。然而，需要、欲望与感受总是联系在一起的，当我们只是简单地将需要阉割掉时，我们只是在心中筑了很多大坝，不让需要很好地流动。这样做时，需要其实并没有消失，它只是被压抑，并且一定会通过种种方式进行表达，而这种表达还一定伴随着一种感触——这样做是有罪的。

一旦父母的需要处于严重压抑状态，那么父母既可能同样压抑孩子的需要，也可能会过度满足孩子的需要，但同时又将“需要有罪”的感觉传递给孩子——“你的需要被满足了，所以你是有罪的”。结果，孩子真的会以有罪的方式追求需要的满足。

这在我们国家是一种极为常见的方式，所以你可以频频听到这样的故事：父母很节俭，攒下了蛮大一份家业，但孩子很奢侈，很快败掉了家业。

这样的败家子，几乎都有一个前提——父母对他们是过度溺爱的。父母压抑了自己的需要，但却过度满足孩子的需要。

更重要的是，父母通过种种微妙的方式向孩子传递了一种感觉——你是有罪的。

所以，我们必须学习疏通自己的管道。

最近，我有了一系列领悟，需要的这个二重奏是一个关键点。最近一个重大的感悟是买了一套昂贵的相机后得到的。

许多中国人条件宽裕后会花很多钱玩摄影，比方说，很多老人家退休后会选择摄影。我的理解是，这既是一种很好的选择，又是一种无奈的选择。因为，作为普通的中国人，我们成年后的艺术能力基本是零，而像音乐、绘画与舞蹈这样的艺术形式是很难修炼的，但摄影不同，它是最简单的艺术形式——如果摄影可以视为艺术的话。

我也不例外，我决心成为一名专业级别的摄影师，所以最近又花了不少钱更新自己的设备。

以前，买任何一个比较昂贵的器材时，我都会犹豫。比方说买一个镜头时，我犹豫了差不多一个月时间，不断上网查这个镜头的资料与价格，但最后还是买了这个镜头。而我犹豫的那些时间，如果用来工作的话，赚到的钱其实足以买两三个这种镜头。

为什么要犹豫呢？答案很简单——为自己花这么多钱感到不好意思。不好意思是比较轻的说法，而真实的想法是，这样做觉得自己有罪。

因为发现了需要的那个二重奏，在买这个新相机时，我就没怎么犹豫，而交钱后的那个晚上，我感觉很好，觉得有一种体验在身上流动。

但是，当天晚上我做了一系列噩梦。梦中，有很多恶毒的人乃至恶魔。以前，我也会做这样的梦，然而，以前这种噩梦中一定会有一个英雄，而我就是那个英雄，英雄总能击败甚至消灭恶魔。

这次，梦中只有恶魔而没有英雄。半夜里醒来，我感觉很难受，因为隐隐觉得那些恶魔中有我。

早上醒来，再想起这些梦，我刹那间明白，这是买了那个相机后的罪恶感在梦中的反映。

哦，那一刻我想，到底是手里拿着一个昂贵的相机但觉得自己是个恶魔舒服呢，还是手里拿着一个小数码相机但觉得自己是个圣人舒服呢？

我想，无数中国家长会选择后者，自己省吃俭用，非常节俭地活着，而花重金在孩子身上。如此一来，自己就会享受到一种做圣人的感觉。但是，这样的圣人基本上都是绝缘体。

无论如何，流动感都是值得的。难道，你愿意是一个绝缘体吗？

越懂黑暗，越相信光明

2007 年 8 月 6 日（周一）下午，作为《广州日报》“健康·心理”专栏的编辑，我做客大洋网，谈了主持心理专栏两年多来的感受，并解答了网友的一些心理困惑（本文中有删改）。

以后每逢周一 14 时 ~ 15 时，我都将出现在大洋网，通过视频与网友互动，详细情况可登录大洋网（www.dayoo.com）了解。

尊重真相，就有判断力

主持人：《广州日报》健康心理版从 2005 年 6 月推出以来，到现在已有两年的时间，这两年对您来说是快还是慢？

武志红：形容时间感觉，更好的说法是轻和重。我觉得这两年对我来说过得非常充实，充实就是一种重，因此我觉得这两年没白过。2001 年到 2005 年期间做国际新闻，尽管做得不错，但却有一种白过的感觉。

主持人：这是一种什么心理？

武志红：我想是我内心的一部分在反对另一部分。因国际新闻做得不错，我开始想做国际问题专家，那意味着以前学了9年的心理学基本是白学了。但这9年是我的自我的一个重要部分，我想放弃它，它觉得不爽，所以开始反抗了。白过的感觉，就是它反抗的结果。

主持人：主持这个心理板块后，感觉怎么样？

武志红：感觉很好。我写的第一篇文章的题目是《吵架去看心理医生》，这篇文章一炮打响，我收到了很多的信和电子邮件，我的专栏立即得到了认可。

主持人：你通常认为自己满意的，观众会不会满意？

武志红：这几乎是必然的。我自己满意的，读者几乎一定会满意；我自己写的时候忐忑不安的，读者一定会有意见。

主持人：你很有判断力。

武志红：能在第一时间接受真相的人，都会特别有判断力。你的文章本来很棒，但你因为谦虚，非说它一般。或者相反，你的文章不怎么样，但因骄傲，你非说它好。那么，久而久之，你的判断力一定会受到损害。尊重你的感觉，接受你自己，好就是好，不好就是不好，那么你一定会很有判断力。

如何破除“替罪羊迷局”

网友：我心里老是在琢磨这样一个问题：人为什么要活着？人每天在重复做着同样的事情，为什么还要这样下去？这究竟是一种什么样的心理状态？这样想算是正常的吗？想请问一下，这是不是强迫症？

武志红：这是一个很自然的思考，未必是强迫症。世界上有很多哲学家、文学家、艺术家……他们能成为某某家，就是因为一直思考我们为什么要活着。当然，这有一个度的问题，谁都不能避免这个问题，如果是偶尔想一想人为什么活着，这很正常；如果每天24小时都在思考这个问题，并为此而深深焦虑，这就可能是强迫症。如果这个网友只有这个问题，我认为他更可能是第一种情况，是正常情形。

网友：我最近经常做梦，梦境是一个人掉进深坑，很黑很黑……最近工作强度大，本来很累，好像梦里都睡不够似的……

武志红：这个梦就是一个象征，掉进了深渊，而且很黑，这是对现实生活真正感受的反映。也许是他的工作，也许是其他的问题，让他感觉到掉进深渊，而且这个深渊非常黑、非常孤独。

网友：我怎么样才能突破“替罪羊迷局”？

武志红：这是我上一期“健康 · 心理”的文章，里面有一个例子，一个朋友工作不顺的时候，会想到理想，觉得自己不喜欢目前的工作，因为她真正想做的是另外一件事。等她真想去追求理想了，又觉得工作很实惠，收入不错，又不想舍弃。其实，她的理想是逃避工作不顺利的替罪羊，工作又是不敢追求理想并承担责任的替罪羊。我把这个迷局拆穿后，她立即就明白到底发生了什么，然后就知道该怎么办了。其实很简单，就是不再逃避，承担责任。

这篇文章发表后，有不少读者都问过我这个问题，为什么不给一些改变的办法，我说办法已经给了，就是承担责任。

这时，如果还有人问我，到底该怎么承担责任，那我就会想，他们其实把我当成逃避问题的替罪羊了，他们不想为自己的生活做选择，而希望我替他们做选择，也替他们负责。

和朋友无话不说，和恋人没话说

网友：我和我男朋友都是交际不错的人！我们都很爱对方，但是两人在一起会变得无话可说。我们都很爱对方，但我们的沟通基本都会通过朋友传达。怎样解决好啊？我们曾一起努力过，但不行。这样在一起很辛苦，但分开更痛苦。

武志红：我听说过这种事情，这并不是一个特例。很多人都以为自己的问题是独一无二的，但实际上任何一个问题都有相似性。当然，相对而言，他们的问题也有特殊性，就是关系疏远沟通容易，关系亲密反而无法沟通。

对于这个问题，他们可能很着急，想立即改变。我想他们可以把急于改变的心情放松一下。不要急着改变，否则我会很容易盯着你，指责你，为什么你不和我说你的内心和隐私，同样你也会指责我。这样，关系很容易会变得越来越糟。我们要明白，所谓急着改变其实常常是我急着改变你。一定要明白这一点，要把过程放慢一点儿，期望放低一点儿，暂时还是老样子，没有关系。这就是宽容，对我宽容，对你也宽容。

接下来就要思考一下，为什么会这样？为什么在外面无话不说，反而回到家里就不可以了？很可能是因为，关系越疏远，越不需要交流内心的隐私。这时我们谈的多是什么吃喝玩乐，这个明星怎么样、那本书多么好、我买了一件非常漂亮的衣服等，都是比较表面的交流，不需要内心的交流。然而，在亲密关系中，这些表面的交流失去了意义，必须交流自己的内心世界了，这时我们的关系就停滞不前了。这可能意味着，我们惧怕暴露内心，我们的外向可能是假的、肤浅的，一旦面对深层的问题，我们就变得极其内向了。

主持人：害怕暴露自己的内心是一种什么样的心理？

武志红：很可能，他们的人生经验告诉他们，暴露内心带来的是伤害。譬如，我对你说，我遇到了什么事，很难过。这时你反而指责我说，你条件这么好还不知足？这时我会觉得，我暴露内心受到了伤害，于是下次不告诉你了。

并且，这种经验应该首先发生在家里，即他们的家庭成员之间不会交流内心，不会理解对方，相反很喜欢彼此指责。那么，他们的童年经验告诉他们，面对亲人展示内心的柔软是会受伤的，于是他们现在对恋人也充满了提防，不敢暴露自己的内心了。

好的心理医生会帮你拥抱真相

网友：想问一下武老师，你常说，要拥抱自己的人生真相，但怎样才能做到这一点？

武志红：这是一个很关键的问题。认识真相不难，每个人都知道发生了什么事，知道自己遭遇了什么，但是不愿意承认，这时有一个最简单的好办法，就是找一个好的心理医生。

好的心理医生的价值在于提供一个安全的关系，在这个关系里，不管你怎么想、怎么说都可以，心理医生不会指责你，说你不该有一些想法或感受。

平时，我们会说，阳光灿烂是好的，不开心、仇恨、愤怒是不好的。于是我们会压抑自己这些负面的东西，这样就远离了人生真相。但好的心理医生会让你相信，你所有的感受都是合理的，你的愤怒、嫉妒、仇恨还有悲伤等，都可以在他面前展示出来。一旦你压抑已久的这些感受在这个关系中展示出来，你就拥抱了你的人生真相。

有很多人有这样的心理。譬如，你小时候老被父母打，打得死去活来，你充满仇恨，但是你不敢对别人讲，也不敢自己面对。因为大家都说，没有父母不爱自己的孩子，父母打你是为了你好。然而，你的感觉不一样，你感觉很痛苦，有时恨不得把父母杀掉，但这是不允许的，大家都对你说你不该这样想，因此你会把这些负面情绪压抑到潜意识里面。

然而，在一个心理医生面前，你感觉你谈什么都可以，于是你的真实感受慢慢在心理医生面前宣泄了出来，告诉他，你当时被打的时候是多么痛苦，多么讨厌甚至仇恨父母……这些真实感受一讲出来，就是拥抱了人生真相。

拥抱真相只是开始，整个心理治疗过程可以说是三部曲，即理解、接受和改变。不要急着去改变，要给自己耐心。因为改变很难，一旦看到不能立即改变，你很容易会急躁，你会质问自己，你为什么还不改变？改变自己是生命最有价值的东西，不容易实现。

主持人：为什么说这是生命中最有价值的东西？

武志红：佛教说轮回，你上辈子的“业”下辈子承担。心理学也讲轮回，就是小时候受过的苦，长大了又受一遍，一遍不够，还要受许多遍，这是心理意义上的轮回。这个轮回就是命运。如果你改变了自己，就是斩断了轮回。那些常打孩子的父母，你一问就会知道，他们小的时候也是在挨打中长大的。这也是轮回，家族命运的轮回。这个轮回怎么才能斩断呢？唯一的方法就是从自己开始，把自己改变。不要指望改变老爸老妈，尽量对他们多一些理解和宽容。太指望改变老爸老妈，或因为童年的苦而严厉地怪罪他们，这其实也是在逃避。我们不能指责父母为什么不斩断他们的命运链条，我们只能从自己开始，自己斩断自己家族的命运链条。

家庭和谐了，社会自然也会和谐

主持人：你分析很多人与人之间的东西、人和社会的关系，很多时候都是从家庭出发的，是不是你认为这个和家庭的关系是很大的？

武志红：这是最核心的东西。我们现在常讲和谐社会，但是和谐社会一定要有一个前提，就是和谐家庭。这是基础，家庭和谐了，社会自然也会和谐。

网友：你有没有想过做心理医生？

武志红：想过，很早就有这个目标了，但现在想，可以再慢一点儿，因为现在做心理医生和我的记者职业有所冲突，比方说做心理医生要绝对保密。

网友：您身边的同事（那些记者、编辑），他们的心理有没有什么问题？我想广州报业竞争这么激烈，作为记者每天面对各种各样的人物，有真有假，他们的人格会不会因此而变异，你有没有为他们分析过？谢谢！

武志红：记者、编辑的心理问题比较多，这是一个普遍现状，我们报社的同事，还有其他媒体的同行，有几十个人给我讲过他们自己的心理问题。我觉得作为记者和编辑有很大的压力，记者的工作中，有一个重要的任务是揭黑，他们要面对世界的黑暗。要揭黑是多数记者的一种使命感，但常揭黑，会令他们对这个世界的看法更消极，而这消极也会传染到他们自己身上，令他们出现比平常人更多的心理问题。

网友：武老师，我觉得“健康 · 心理”专栏里的一些分析很透彻，我也学到很多关于心理方面的知识，请问武老师有没有打算把专栏里的文章出成书呢？

武志红：我已出了两本了，一本是《解读“疯狂”》，一本是《为何家会伤人》。《解读“疯狂”》是分析热点新闻事件的，《为何家会伤人》是写一般家庭的心理问题。

主持人：你这两本书好像卖得非常好，接下来还有出书的打算吗？

武志红：是的。两本书的第一次印刷有 1 万套，在一个半月内卖完，在心理学图书销售榜上，一个列第五,一个列第九，算是很不错的成绩，现在已开始第二次印刷。下半年还有两本书，也是心理专栏的文章。

父母的控制欲会扼杀孩子的生命力

网友：我现在才 22 岁，但是已经对什么事情都是一副无所谓的样子，对生活也没有什么兴趣，怎么办呢？

武志红：这是最重要的问题，因为缺乏细节，我难以断言到底是什么原因，但可能是这样的情况，因为不是为自己而活，所以觉得无所谓。

说到这儿，我说一下存在主义哲学。存在主义可以分析，为什么有些人活得特别有精神有些人活得没意思。这可以用两个字来解释，这两个字就是“存在”。什么叫存在？就是我选择，我活过，我按照自己的意志为自己的生活做选择。哪怕你遭遇过很多挫折，但如果都是你选择的，你就会有存在感，你就会有精神，会坚韧不拔。相反，有些人好像从来没有做过错误的选择，他们顺利地生活了好多年，但这不是他们做的选择，而是父母、老师帮他们做的选择。那么，他们并不会觉得幸福，相反会觉得自己好像没怎么活过。

像布兰妮·斯皮尔斯，她做了很多匪夷所思的事情，她的核心问题就是缺乏存在感，她有那么多唱片和财富，但这不是她的意志的展现，是她妈妈的意志的展现，她是完成了妈妈的使命。她的人生是妈妈的，而不是她的。她的那些匪夷所思的事，可以概括为叛逆，就是对妈妈的意志说不，按自己的意志生活。

今天我收到一个读者的来信，他是一个小男孩，正念高三，准备出国。他的家庭条件非常好，但是他什么事都不可以做主，都是父母安排好的，这让他觉得活着很没有意思，他想死，想自杀。并且，他有一个很特别的感受，他走路时常觉得好像不是自己的腿在走路，于是经常摔跤。这种身体反应，是他心理的写照，他觉得自己不是按自己的意志而活着，反映在身体上，就是不是自己的双腿在走路。这样的孩子经常想到死，因为他们的确好像没有活着，他们的精神生命被控制欲望太强的父母给剥夺了。

理解自己，接受自己，才能改变自己

网友：性格决定命运，关系决定性格，可是我觉得命运又决定关系，因为孩童的时候，我们与父母的关系是没有办法控制的。你认为是这样吗?

武志红：的确是。

主持人：这是宿命吗?

武志红：可以说是，面对宿命，只能接受。你有这样的爸爸妈妈、有这样的家庭，你只能接受，没有丝毫的选择权。不过，尽管父母不能改变，但我们可以改变自己，我前面也说到，这是我们生命最大的价值所在。你要想好好地存在，就得改变自己。

主持人：在你博客上有一个系列，是七篇文章，核心就是讲要接受自己，很多人之所以痛苦就是不愿意接受自己。

武志红：这就是我所说的三部曲——理解、接受、改变。有的人不想面对自己的内心，不想理解和接受自己，而想直接改变自己，但这样做的时候，经常是没有什么效果的。我们必须理解自己，接受自己，然后才能很好地改变自己。

主持人：有人说研究心理的人，通常把人性、把世界都看透了，自己反而会失去很多乐趣，这个在你身上有没有？我觉得你好像没有。

武志红：的确，我没有失去乐趣。心理学带给我的快乐是比较多的，这种快乐来自两点：第一点是好奇心，我总觉得这个世界上没有比人性更复杂的东西了，了解人性的过程是一个特别有创造力、特别有趣的过程。第二点，就是明白了一点，你对黑暗了解得越多，对光明就越有信心。“一个人变成坏蛋，不是因为他天性就是这样的，不是因为天性就是想干坏事，而是因为他想干好事，但是做不了。”这是我特别喜欢的一个电影导演说过的一句话。这很容易理解，譬如，我说我爱你，但是我没有爱的能力，我只好用病态的方式对你表达我的感情。你会觉得很烦，对我说你这个人怎么会这么糟糕，你怎么就不能用正常的方式来对待我。其实我也想用好的方式赢得你的爱，但我就是做不到。

以前，我认为左右这个世界的是利益、贪婪，但现在我对心理学研究得越深，就越相信人们干坏事通常是因为受了伤。这就是我在《解读“疯狂”》里提到的：他们如此疯狂，是因为心灵曾经受伤。

网友：我怎样才能给我 5 岁的儿子一个健康快乐的童年？

武志红：假设这位网友是一个妈妈，我想她这句话反映了两点：第一点是她非常焦虑，担心自己不能给孩子一个好的童年；第二点是她有些自责，正在检讨过去对儿子不够好。首先我想消除这位妈妈的焦虑，我想她已经是一个很好的妈妈了，因为她愿意面对自己的问题，愿意改变自己。

说到这儿，我特别想谈谈什么样的妈妈是好妈妈。大家不要迷信完美妈妈，所谓的完美妈妈一定是问题最大的，如果有哪个妈妈对别人说她是完美的，那你可以断定她一定是最糟糕的妈妈。自诩完美的妈妈的确很辛苦，但她是在追求这样一个境界：如果和孩子的关系中出了任何问题，那一定不是自己的问题，而一定是孩子的问题，因为她已尽心尽力了，所以她没有任何责任了。你看，完美妈妈不过是一个妈妈逃避自己责任的借口而已。好的妈妈是这种：我随时都愿意承认我的教育有问题，承认我曾经对孩子做错了一些事情，我愿意承认我的错误，我还愿意改善。

这个网友问这个问题，证明她有这个意愿。我想对她说，不必苛求自己做完美父母，只要做一个好父母就可以了，知错改错就可以。如果你自己与孩子的关系的确有一些问题，那么除了检讨外，也要对自己有所宽容。能宽容自己的妈妈，才不会苛求自己必须做一个完美妈妈，也就是那种问题很大的妈妈。

网友：别人觉得我是个条件不错、颇有前途的人，但我好像患有社交恐惧症，才 19 岁就对生活心灰意冷，常常思考如果我死了会怎样。

武志红：我们要分开两点，一个是外在的条件，一个是内在的东西。很多人都把自己变得非常优秀，是为了克服内心的自卑。但优秀是外在的，即使真的变优秀了，内在的自卑也不会因此消失。我见过许多条件很优秀的人，他们对自己的评价很低，与自己的外在条件不相符。这时，我们就要懂得，我们必须抛开外在的优秀，而去碰触内在的自卑，对这个内在的自卑单独做工作，令自己真正自信起来。

E P I L O G U E

结语

给自己一个仪式，开始一段征程

*

心灵的成长并非是一个抽象的过程，我们需要一些具体的仪式来呼应心灵成长的节拍。

一次生命，是心灵不断成长的过程。只是，对于心灵的转变，我们常处于混沌状态，不知自己已进入了一个新的人生阶段。这时，我们就需要一个仪式来提醒自己，甚至引导自己的转变。

譬如，我一个朋友 W，今年 28 岁，但他却根本没有感觉到，自己已变成一个男子汉了，他仍感觉自己还是一个没有长大的男孩。那么，他可以借助一个成年的仪式来告诉自己，你已经是一个堂堂的男子汉了。

这也是我自己的体验，虽然已 32 岁，却没有而立的感受。不过，借助一次心理治疗，我彻底整理了一下自己过去 12 年的生活，才突然感觉到，人生苦短，自己一生中美好的时光已过去一半，不能再浪费时间，必须努力做自己想做的事情了。

这次心理治疗，起到了仪式的效果，提醒我已进入新的人生阶段。但假若在 30 岁那年，我有一个仪式，提醒自己这一点，那么想必不会拖到现在才有这种危机感。

人生成长仪式的缺乏，乃至其他心灵蜕变仪式的缺乏，是现代社会的一个通病，我们讨厌烦琐的礼仪和程序，但顺带着也把很多非常有必要的仪式一并给消灭了。

归来吧，仪式。

心灵的成长并非是一个抽象的过程，我们需要一些具体的仪式来呼应心灵成长的节拍。

仪式帮你直面人生

我另外一个三十来岁的女性朋友则切实感受到了被侵犯，她极力要求母亲进她的房间前必须敲门，母亲答应了，但仍然时常不打招呼就推开了她的房门。最后，她生气了，给自己的房门加了一道锁。

一开始，加了这道锁后，她心中感到非常不安，也许是因为觉得这是对父母的冒犯。但随着时间的流逝，她发现，自己由衷地感激这道锁，因为她感受到，即便是面对父母，她也需要一个绝对隐私的空间。

一个绝对隐私的空间，对于任何人的心灵而言，都是非常必要的。不仅父母不能随意侵入儿女的空间，儿女也不能随意侵入父母的空间。西方人很在乎这一点，甚至在孩子很小的时候，就给了孩子一个单独的房间或床了。

这个简单的仪式，既是尊重孩子的独立空间，也是尊重自己的独立空间。

在生活中，我们的人生不断地发生转变，每一次转变，我们都需要一些仪式来提醒自己。

譬如成长的仪式——离开家、成年、结婚、为人父母；

譬如团聚的仪式——春节、端午、中秋；

譬如告别的仪式——与恋人分手、葬礼；

譬如纪念的仪式——清明、周年祭奠；

……

这些仪式，都在提醒我们，我们的人生的确有过一些转变，我们必须直面这些转变。假若逃避这些转变，我们的心灵就会生病。

仪式宛如一道门

仪式，有一套固定的程序，它保证我们在固定的时间和空间，按照固定的形式和规则，完成一些象征性的行为。

古代很重视成长的仪式，不同年龄段要举行仪式，以提醒你已进入一个新的人生阶段了，你未来需要承担的权利和义务，已与过去大不相同，你需要改变你的生活方式和人生态度。

仪式宛如一道门，举行仪式的那一刻，你踏在那道门上，既未脱离过去，也未迈入未来。但同时，它也在告诉我们，你正脱离过去，你正迈入未来。

仪式并不一定是一个刻意的程序，其实，入学、毕业、工作、恋爱、结婚，乃至为人父母，都是一个仪式。这些转折性的时刻，你必然会做一些象征性的事情，以纪念这些时刻，也提示自己，你已进入新的人生阶段。

譬如，美国一所学校，每年都会在固定时间举行一个玫瑰典礼，已经毕业的初三学生，给刚入学的小学一年级新生送上玫瑰花，这个仪式简单而鲜明，它会给许多孩子心中留下深刻的印记，提示他们，你正在长大，你已进入了一个不同的人生阶段，你即将成长为一个与以前不同的人。

结婚需要仪式，做妈妈也需要

或许，你的学校没有这样的仪式。不过，生活中一定也会有一些简单的仪式。譬如，你考上了大学，父母为你举行一个家庭宴会，这不只是在庆祝你的胜利，也是在提示你的转变。

不过，值得注意的是，我们这个社会尤其缺乏这些成长的仪式，这会让我们意识不到，自己已步入了一个新的人生阶段，从而导致心灵脱节。

这样的例子比比皆是。

阿莲结婚了，她的婚姻仪式堪称奢华，厚厚的几本婚纱照也标志着她的人生进入了新阶段。她知道，自己结婚了，已是一个女人了。

后来，她和丈夫去了一个新城市，在那里有了自己的家，不久以后还做了妈妈。但问题是，她没有意识到，自己已经是一个妈妈了。她还觉得，自己是一个年轻女子，需要丈夫的关照和疼爱、需要丰富多彩的生活。但孩子夺走了丈夫一大部分关注，也极大地改变了她的生活。

有一年多时间，她都无法接受这个事实：我已经是一个妈妈了。

最终，当孩子学会说话时，当孩子开口叫出第一声“妈妈”时，她的内心才感受到巨大的震撼，才真正意识到，自己的确是一个妈妈了。

如果，在刚生下孩子不久，就举行一些简单的仪式，她或许就不必非得等到孩子学会叫“妈妈”时才会真正有做妈妈的感受。

离开家是重要的成长仪式

前面提到的 W，尽管已 28 岁了，却从来没感受到，自己已是一个堂堂的男子汉。一个很重要的原因是，他还没有与父母分离过。不仅如此，他甚至都没有自己独立的空间。每天晚上回家后，父母都会过来一一向他训话，询问他的一切事情，好像他还是一个小孩子。

显然，不仅 W 的内心与现实脱节，他的父母也与现实脱节，他们和 W 一样，没意识到 W 已是男子汉，需要独立的空间，需要去外面闯荡。

W 可做一个很简单的仪式——至少有一段时间离开家，自己去外面闯荡。

这个仪式很重要，但常常被我们忽略。我有很多 20 多岁的广州朋友，他们自出生到现在，一直没离开过广州，在广州长大、读书和工作，而且一直住在家里。因为从未与家分离，他们都没有清晰地意识到，自己已经是一个成年人了。

如果离开家很艰难，那他们还可以做一件简单的事情：给自己的卧室上一道锁。这也是一种仪式，它是在告诉父母或其他家人，我已是一个独立的人了，我需要自己的空间，你们要进入我的空间前，请先跟我打招呼。

W 没有这样做，他觉得这是对父母的冒犯。于是，每天晚上回到家，他的父母常常不打招呼就推开他的房门，想看看他在做什么。这有鲜明的象征意义：父母可随意侵入他的心理疆界，他根本无权拥有自己的隐私空间。

我们的心灵需要一个“瓦尔登湖”

失恋了，我们拒绝接受这个事实，于是心理上仍与过去藕断丝连，但这种沉溺妨碍了自己的成长。这时，你可以给自己举行一个仪式，告别这一切。

亲人突然去世，你不能承受这一打击，于是否认亲人已经离去的事实，仍给他留一个房间，吃饭时给他留一双筷子、一只碗，每天晚上和他对话……就好像他仍然活着一样。这种沉溺令自己深陷痛苦而不能自拔。那么，我们可以举行一个郑重的仪式，提醒自己，他的确已经离去。

仪式只是为了告别，而不是为了忘却，因为事实一旦发生，就注定是我们命运中的一部分，我们必须接受这一部分，忘却既不能真正做到，也不利于心灵的康复。

这也是仪式的一个含义。仪式只是一道门，这道门，把我们的人生路划分成两段，前一段属于过去，后一段属于未来，但门仍是通的，属于门那边的过去并未消失。也就是说，它只是一个象征，在提示我们，转变已发生。

面临转变的时候，我们总是内心矛盾。一方面，我们很可能会为未来而欣喜雀跃，但另一方面，我们必然会产生或轻或重的忧伤。因为，任何丧失都会导致忧伤，不管这丧失是好是坏，更何况进入新的人生阶段还常常意味着一些美好事物的丧失。譬如，成为一个成年人，就意味着必须承担成年人的责任，同时放弃未成年人的一些生活方式。也恰是因为这一点，很多人并不愿意完成离开家这个成年仪式。

成长本身就是心灵的需要。不过，真正关注心灵的人，除了要完成那些最基本的成长仪式之外，还需要一些特定的仪式，以让自己起码在某段时间保证心灵与尘世的喧嚣保持一段距离。

最典型的人是美国思想家亨利·戴维·梭罗，有两年多时间，他一直独自一人在波士顿城外的瓦尔登湖边的一间小木屋里过着一种出世的生活，并借由这一段经历写了著名的《瓦尔登湖》。对这一段生活，梭罗描绘说：“我到树林中去，因为我希望从容不迫地生活，仅仅面对生活中最基本的事实，看看我是否能懂得生活的教诲，不至于在临终时才发现自己不曾生活过。”

每个人都需要一个他自己的“瓦尔登湖”。如果你做不到像梭罗那样，那么你可以有一些简化的选择，譬如：每天写一段简短的心情日记；每天给自己留出半个小时的绝对独处时间；每年有一个星期的旅游，去海边、湖边或河边，看清水流动，那时仿佛你的心灵也被净化了……

这些都是简单的仪式，让你和尘世的喧嚣暂时保持一段距离，它可以让你的心灵出现不可思议的成长，同时又保证你不与现实脱节。

生活中处处可以做心灵的仪式

在选择你的“瓦尔登湖”时，你不妨将时间、空间和方式固定下来，这样它就发展成了一个清晰的仪式，可以让你很方便地比较过去与现在的差异，从而清晰地意识到你心灵的成长。

如果这一切都无法做到，那么你还可以做更简单的，譬如每年选一段固定的时间读一本对自己最有启发的书，或看一部最有启发意义的电影，这是对心灵最简单的检验。2000 年，我读了《挪威的森林》，书中的诸多人物和故事就像一个载体，帮我梳理了我当时的人生哲学。2006 年，我把这本小说又读了一遍，这时的感受明显发生了变化，借助这个很简单的仪式，我清晰地看到了自己这 6 年来的人生体验和人生哲学发生了翻天覆地的变化。

因为两次读同一本书而带来如此不同的感受，使我对自己的转变看得非常清晰，而不再是在混沌中成长。

现在，我正重读国内知名作家刘小枫的《沉重的肉身》。1998 年，我第一次读这本书，受到了极大启发。现在再读它，我知道自己已经远远超越了那时的境界，的确，人不能两次踏入同一条河流。

我们需要认识到仪式的重要性，至于怎么举行仪式不是特别重要。你可以沿用传统的仪式，尽管这些传统仪式你永远也无法完全明白；你也可以运用自己的想象力创造出你自己的仪式来引导你的心灵发生蜕变。

我们的社会普遍讨厌仪式，因为我们曾有太多烦琐的仪式，这让我们陷入了形式主义，而陷入形式主义的人，一样也是与心灵失去联系的人。

譬如，强迫症患者特别喜欢仪式，但他们发展出的不容更改的仪式，只是为了逃避感受、体验和生命中的真相，这些仪式只是为了让他们远离自己的心灵。

你不必非得去教堂，但你可以仰望浩瀚的星空；你不必非得聆听钟声，但你可以由衷地欣赏海上日出。

你还可以在日常生活中找到各种各样的仪式。美国心理学家托马斯·摩尔说：

当举动是出自想象和情感而不仅仅是物质世界的需要时，它可以成为某种仪式。你照看菜园可以是因为需要蔬菜，但也可以是想和大自然紧密联系；你把房间弄得洁净漂亮，可以是一种习惯，但也可以是为了心灵的安宁。

用灵魂来导向自己的行动，你就会觉得更有仪式感。

图书在版编目（CIP）数据

感谢自己的不完美：升级版 / 武志红著. —北京：中国华侨出版社，2017.4

ISBN 978-7-5113-6769-3

Ⅰ. ①感… Ⅱ. ①武… Ⅲ. ①心理学—通俗读物 Ⅳ. ①B84-49

中国版本图书馆CIP数据核字（2017）第080471号

感谢自己的不完美：升级版

著　　者：武志红
责任编辑：安　可
版式设计：刘龄蔓
经　　销：新华书店
开　　本：889mm×680mm 1/16　印张：17　字数：218千字
印　　刷：三河市嘉科万达彩色印刷有限公司
版　　次：2017年7月第1版　2021年2月第12次印刷
书　　号：ISBN 978-7-5113-6769-3
定　　价：42.00元

中国华侨出版社 北京市朝阳区西坝河东里77号楼底商5号　邮编：100028
法律顾问：陈鹰律师事务所
发 行 部：（010）82068999　传真：（010）82069000
网　　址：www.oveaschin.com
E-mail：oveaschin@sina.com